TRAUNER VERLAG
UNIVERSITÄT

Reihe C:
Technik und
Naturwissenschaften

58

Josef Langer
Testing, Tracing und Debugging bei Embedded Systems

Impressum

Reihe C – Technik und Naturwissenschaften

Josef Langer
Testing, Tracing und Debugging bei Embedded Systems

© 2008
Johannes-Kepler-Universität Linz

Approbiert am 13. März 2008

Begutachter:
Univ.-Prof. Dr. Thomas Grechenig
Univ.-Prof. Dr. Richard Hagelauer

Herstellung:
Kern:
Johannes-Kepler-Universität Linz,
4040 Linz, Österreich/Austria

Umschlag:
TRAUNER Druck GmbH & Co KG,
4020 Linz, Köglstraße 14,
Österreich/Austria

ISBN 978-3-85499-567-8
www.trauner.at

Erklärung

Hiermit erkläre ich an Eides statt, dass ich die vorliegende Arbeit selbständig und ohne fremde Hilfe verfasst, andere als die angegebenen Quellen und Hilfsmittel nicht benutzt und die aus anderen Quellen entnommenen Stellen als solche gekennzeichnet habe.

St. Georgen, am 21. Jänner 2007

Danksagung

Ich bedanke mich bei Herrn Univ.-Prof. DI Dr. Thomas Grechenig für die Bereitschaft meine Doktorarbeit zu betreuen. Herzlichen Dank für die wissenschaftliche und organisatorische Betreuung, die ich zu jeder Zeit in Anspruch nehmen konnte. Für die bereitwillige Übernahme des Zweitgutachten und die Unterstützungen bei der Durchführung der Dissertation bedanke ich mich bei Herrn Univ.-Prof. DI Dr. Richard Hagelauer.

Bei Prof.(FH) DI Dr. Markus Pfaff und DI Christian Kantner bedanke ich mich für die fruchtbaren Diskussionen und dass beide immer ein offenes Ohr für meine Anliegen gefunden haben. Mein weiterer Dank gilt DI(Fh) Klaus Koppenberger und DI(Fh) Florian Eibensteiner für die Unterstützung bei den Implementierungsaufgaben.

Ganz herzlich bedanke ich mich bei meiner Frau Christa. Ihre Unterstützung und Ihr Verständnis hat mir die Anfertigung dieser Dissertation erst möglich gemacht. Besonders will ich mich bei meiner Mutter und meiner Oma bedanken, die mich auf meinem Lebensweg immer verständnisvoll unterstützt haben.

Kurzfassung

Diese Dissertation behandelt neuartige Methoden für *Testing*, *Tracing* und *Debugging* von *Embedded Systems*. *Embedded Systems* sind Computersysteme, die speziell für die ihnen gestellten Anforderungen entwickelt werden und hinsichtlich Speichergröße, Energieverbrauch und Prozessorleistung optimiert sind. *Systems-on-Chips* sind hochintegrierte *Embedded Systems*. Auf einem einzigen IC sind Prozessor und die wichtigsten Peripheriekomponenten, sowie Speicherelemente zusammengefasst. Die Entwickler von *Embedded Systems* und im speziellen von *Systems-on-Chips* stehen oftmals vor großen Problemen, die internen Zustände des Hardware- und Softwaresystems zu verstehen, weil geeignete Methoden für die Analyse fehlen. In dieser Dissertation wird ein *Debug Tool* vorgestellt, mit dem komplexe Fehlerfälle bei *Embedded Systems* rasch gefunden werden können ohne dass das Ausgangssystem durch das *Debug Tool* beeinflusst wird.

Das *Embedded Debug Tool* besteht aus dem *Debug Interface*, das auf jenem Chip integriert ist, bei dem die Überprüfungen stattfinden sowie aus einer PC-Software für das Parametrieren und Anzeigen der *Debug*-Informationen. Das *Debug Interface* überwacht alle Busleitungen, die internen Zustände des Prozessors und die Signale, die für den jeweiligen *Debug*-Vorgang von Interesse sind. Das Kernstück des *Debug Interfaces* ist die Logik, die für die Ablaufsteuerung zuständig ist und die Überwachung der Hardware und Software durchführt. Dabei können Ereignisse, Zustände und Zeitintervalle so verknüpft werden, dass Fehlerfälle leicht entdeckt werden können. Die Parametrierung erfolgt über die Software am PC oder über die Software des *Embedded Systems*, die sich dadurch auch selbst überwachen kann. Ein Beispiel für die Anwendung des *Debug Tools* ist die Überprüfung der Latenzzeit von Interrupts. Vom Auftreten des Ereignisses in der Hardware bis hin zum Auslösen des Interrupts kann das *Debug Interface* die Zeiten zyklusgenau aufzeichnen und zusätzlich Fehlermeldungen an die Software des *Embedded Systems* liefern. Durch diese Eigenschaft kann eine Software, die bereits ausgeliefert wurde, eine eigene Fehlerdiagnose durchführen.

Das *Debug Tool* wird in einer Simulation überprüft und anschließend bei zwei unterschiedlichen Prozessoren, einem 8-bit und einem 32-bit Prozessor, getestet. Die Details der Implementierung sind in dieser Arbeit beschrieben. Ebenso werden die Messungen, um die Funktionalität in der Praxis nachzuweisen, vorgestellt.

Das vorgestellte *Debug Tool* stellt eine große Hilfe für Entwickler von *Embedded Systems* dar und unterstützt diese im Auffinden von komplexen Fehlern.

Abstract

In this thesis new methodes for *Testing, Tracing* and *Debugging* of *Embedded Systems* are introduced and discussed. *Embedded Systems* are special purpose computer systems, which are designed for dedicated functions and are optimized in memory size, engergy consumption and processor performance. *Systems-On-Chip* are highly integrated *Embedded Systems*. On one single integrated circuit one or more processors, peripherals and memory components are concentrated. Developers of *Embedded Systems* and especially of *Systems-On-Chip* often face big challenges to understand the internal states of the hardware-software system, because appropriate methods and tools for analyzing these states are missing. In this thesis I introduce a *Debug Tool*, which helps to find complex errors very quickly in *Embedded Systems* without influencing the investigating system - it is a non intrusive tool.

The *Embedded Debug Tool* consists of the *Debug Interface*, which is integrated on the chip, which shall be observed, a PC-Software for parameterizing and visualizing information of the *Debug Interface*. The *Debug Interface* is monitoring all busses, the internal states of the processor and the signals, which are important for the actual debugging session. The core of the *Debug Interface* is a logic, responsible for sequence control and monitoring hardware and software. It is possible to concatenate events, states and time intervals in a way, that wrong system behaviour can be detected very easily. The paramterizing is done by the PC software connected with an interface to the IC or by the software running on the processor, which is monitored. In this case the software can monitor its own hardware states and detect e.g. misses of deadlines in a real time system. Starting from the trigger of an event in hardware up to the execution of an instrution of a dedicated program line in the interrupt service routine, the *Debug Interface* monitors timings exactly and can additionally generated debug and error messages to the *Embedded Software*. Through this characteristics a software, which is already in the field, can diagnose and manage its own error states.

The *Debug Tool* is tested in a simulation for its proper work and afterwards on two different processors, a 8-bit processor from ATMEL and a 32-bit processor from Lattice Semiconductor. The implementation of the *Debug Tool* are detailed in this thesis. Measurements complete the work and show the functionality of the *Debug Tool* in practice.

The introduced *Debug Tool* is a big help for developers of *Embedded Systems* and supports them in Debugging and detecting errors during development.

Inhaltsverzeichnis

1 Einleitung   **10**
    1.1 Einleitung 10
    1.2 Grundlegende Begriffe und Definitionen 12

2 Grundlagen und Anwendungsgebiete   **15**
    2.1 Debugging-Methoden 15
        2.1.1 Hardware Debugging 15
        2.1.2 Software Debugging 16
        2.1.3 Grundprinzipien 17
        2.1.4 Das Heisenberg Problem 19
        2.1.5 Race Conditions 20
        2.1.6 Debugging und Zeit 24
    2.2 Zusammenfassung 25

3 Stand der Forschung   **26**
    3.1 Traditionelle Debug-Methoden 26
    3.2 On Chip Debugging 28
    3.3 Replay Debugging 31
        3.3.1 Replay Debugging bei Gleichzeitigkeit 31
        3.3.2 Replay Debugging bei Echtzeitsystemen 31
        3.3.3 Reproduktion von asynchronen Ereignissen 32
        3.3.4 Lokalisierungsprobleme der Ereignisse 33
        3.3.5 Verwendung von eindeutigen Markern 34
        3.3.6 Jitter 35
    3.4 Time Machines 37
    3.5 Debugging für Embedded Systems im Feld 39
        3.5.1 Eingeschränkte Beeinflussung 40
        3.5.2 Debug Port Sicherheit 41
        3.5.3 Tracepoints und Event Logging 42
        3.5.4 Profiling 43
    3.6 Debug- und Tracetools 43
        3.6.1 ARM ETM 44

Inhaltsverzeichnis

    3.6.2 Lauterbach 45
3.7 Zusammenfassung 47

4 Problemstellung Embedded Debugging — 49
4.1 Probleme bei traditionellen Debug-Methoden 52
4.2 Debugging und Tracing in der Entwicklung 53
    4.2.1 Hardware Latenzzeit 54
    4.2.2 Software und Interruptprozess Latenzzeit 55
    4.2.3 Betriebssystemabhängige Latenzzeiten 55
4.3 Debugging und Tracing im Feld 56
    4.3.1 Informationsfilterung und Vorverarbeitung 56
    4.3.2 Einschränkung der Fehlerquellen 56
4.4 Zusammenfassung 57

5 Systemmodell Embedded Debug Tool — 58
5.1 Konfigurierbares Embedded Debug Interface 60
    5.1.1 Steuerlogik 62
    5.1.2 Registerschnittstelle 65
    5.1.3 Interruptlogik 66
    5.1.4 Data Modul 68
5.2 PC Debug Software 69
5.3 Klassifizierung der Debug- und Analysemöglichkeiten 70
    5.3.1 Timing 70
    5.3.2 Fehler bei Input/Output 72
    5.3.3 Logikanalysator Fähigkeiten des Embedded Debug Tools . 72
    5.3.4 Warnschwellen bei Speicherüberlauf 72
    5.3.5 Events 74
    5.3.6 Auslastung Softwareteile 74
    5.3.7 Selfdebugging 74
5.4 Zusammenfassung 75

6 Simulation Embedded Debug Tool — 77
6.1 SystemC 79
    6.1.1 Module 84
    6.1.2 Kommunikation zwischen den Modulen 84
    6.1.3 Events, Sensitivity 85
    6.1.4 Testbench 86
    6.1.5 VCD-File 86
6.2 Prozessoren 86

	6.2.1 Renesas M16C	87
6.3	Instruction Set Simulator	90
	6.3.1 Renesas PD30SIM	91
6.4	Systemaufbau Simulation	95
	6.4.1 Interrupt	96
	6.4.2 UART Universal Asynchronous Receiver Transmitter	98
6.5	Simulationsbeispiel: Muskelstimulationsgerät	98
	6.5.1 Systemaufbau	99
	6.5.2 Simulationsdurchführung	100
6.6	Zusammenfassung	102

7 Vergleichende Implementierung AVR — 103

7.1	Testplattform	103
	7.1.1 FPGA	104
	7.1.2 Architektur AVR	104
	7.1.3 Interrupts	110
	7.1.4 Debug Trace Unit	111
7.2	Aufbau der Implementierung	114
7.3	AVR Core	114
	7.3.1 Allgemein	114
	7.3.2 VHDL Implementierung	116
7.4	Debug-Interface	120
	7.4.1 VHDL Implementierung	121
7.5	Laden der Software	122
7.6	Beispielanwendung	123
	7.6.1 Interruptlatenzzeit	123
	7.6.2 Profiling	125
7.7	Zusammenfassung	128

8 Vergleichende Implementierung LatticeMico32 — 129

8.1	Testplattform	129
8.2	FPGA Lattice Semiconductor	130
8.3	Prozessor Lattice Mico32	132
	8.3.1 Cache	136
8.4	Debug Support Unit	136
8.5	Interrupts und Traps	137
8.6	Integration Debug Interface	138
	8.6.1 Programm Counter Überwachung	139
	8.6.2 Speicherzugriff Überwachung	140

INHALTSVERZEICHNIS

    8.6.3   Interrupt Überwachung 140
8.7   Beispielanwendungen 140
    8.7.1   Aufbau der Messungen 141
    8.7.2   Speicher- und Programm Counter Zugriff 142
    8.7.3   Selfdebugging 145
    8.7.4   Profiling 148
    8.7.5   Latenzzeitmessung 150
8.8   Zusammenfassung 153

9 Zusammenfassung und Ausblick   154
    9.1   Rückblick 154
    9.2   Forschungsergebnisse 156
    9.3   Ausblick 157

10 Literaturverzeichnis   159

1 Einleitung

1.1 Einleitung

Embedded Systems sind Computersysteme, die in Größe, Energieverbrauch und Leistungsfähigkeit exakt an die ihnen gestellten Anforderungen angepasst werden. Einsatzgebiete und Anwendungen von *Embedded Systems* sind in vielen Branchen zu finden: Beispiele dafür sind Lösungen für die Automobilelektronik, Flugzeugelektronik, Gebäudeautomatisierung, Medizintechnik, Audio- und Videoelektronik oder Netzwerkkomponenten.

Die Komplexität und die Anforderungen an *Embedded Systems* steigen von Jahr zu Jahr. Gleichzeitig werden diese Systeme immer besser optimiert, um ein optimales Kosten-Nutzen-Verhältnis zu gewährleisten. Speicher für *RAM* und *ROM*, sowie die Leistungsfähigkeit der Recheneinheiten sind genau auf die jeweiligen Anforderungen abgestimmt. Die Produkte, in denen *Embedded Systems* integriert sind, werden oft in sehr hohen Stückzahlen hergestellt, wodurch die Produktions- und Herstellungskosten so weit wie möglich minimiert werden. Für Software- und Hardware-Entwickler stellen *Embedded Systems* eine große Herausforderung dar, weil es oftmals keine geeigneten Methoden gibt, um Fehler und falsche Zustände zu finden beziehungsweise diese geeignet zu analysieren.

Debugging - also die Suche von Fehlern - und Tracing, das Ausgeben von Daten, um fehlerhafte Zustände zu entdecken, stellen für *Embedded Systems* eine spezielle Herausforderung dar.

Hersteller von Compiler und Prozessoren für *Embedded Systems* unterstützen zwar die Entwickler von Software mit Programmiertools, *In-Circuit-Emulatoren* und *Debug-Werkzeuge*. Dennoch sind diese Werkzeuge oftmals für komplexe Problemstellungen und Fehler, die eine Kombination aus Hardware und Software darstellen, nicht geeignet.

Falls diese schwer zu findenden Fehler nicht mit geeigneten Methoden gefunden werden können, bedeutet das entweder eine längere Entwicklungszeit bis das Produkt in Serienreife gehen kann oder es bedeutet eine bewusst in Kauf genommene

KAPITEL 1. EINLEITUNG 11

schlechtere Qualität des Produktes. Fehler sind noch im System vorhanden, die nicht rechtzeitig vor der Auslieferung erkannt wurden und die auch sehr sporadisch auftreten können.

Das zentrale Thema dieser Dissertation ist die Untersuchung der Frage, welche neuen Lösungsmöglichkeiten es für komplexe Trace- und Debugproblemestellungen gibt, hier vor allem hinsichtlich Zeitverhalten (*Timings* und *Interrupts*). Dadurch soll die die Qualität der Software und des gesamten Produktes gesteigert werden. Weiters werden Konzepte präsentiert, die es ermöglichen, dass komplexe Hardware/Software Fehler rasch gefunden werden können. Die Entwickler erhalten somit Werkzeuge, mit denen sie sowohl während der Entwicklungsphase als auch nach Auslieferung der Produkte, die Probleme rasch eingrenzen und lösen können.

Anschließend an dieses Kapitel werden die Grundlagen und Anwendungsgebiete von *Debugging* und *Tracing* bei *Embedded Systems* besprochen. In dem Kapitel werden die unterschiedlichen *Debug*-Techniken beschrieben. Es wird ein Überblick über die Unterschiede zwischen PC basierenden Systemen und *Embedded Systems* gegeben.

Im Kapitel 3 wird der aktuelle Stand der Forschung diskutiert. *Debug*-Konzepte für Echtzeitsysteme, für verteilte Systeme und für *Embedded Systems* werden präsentiert. Weiters wird in diesem Kapitel analysiert, in welchen Bereichen bestehende *Debug*-Systeme keine Lösung anbieten können und welche Erweiterungen nötig sind, um eine umfassende *Debug*-Möglichkeit für *Embedded Systems* anbieten zu können.

In Kapitel 4 wird die Problemstellung diskutiert. Es werden die nicht gelösten Probleme für das Auffinden von Fehlern bei *Embedded Systems* analysiert. Einerseits werden die *Debug*-Probleme während der Entwicklungsphase und andererseits nach der Auslieferung der Produkte behandelt.

In Kapitel 5 wird das Systemmodell für das *Embedded Debug Tool* vorgestellt. Dieses besteht aus einer Komponente, die in die bestehende Hardware integriert wird und einem Softwareteil, der es ermöglicht, das Debugging von PC Plattformen aus einfach zu bedienen. Die Unterteilung in Fehlerklassen wird ebenso in diesem Abschnitt besprochen. Es wird erläutert, wie alle angeführten Fehlerzustände durch das *Embedded Debug Tool* erkannt werden.

In Kapitel 6 wird das besprochene Systemmodell durch eine Simulation überprüft. Die Simulation erfolgt über *Instruction Set Simulatoren* kombiniert mit Simulationswerkzeugen wie *SystemC* und *Matlab*. In diesem Abschnitt werden 2 Beispiele vorgestellt. Die Ergebnisse der Simulationen werden diskutiert und beurteilt.

In Kapitel 7 und 8 werden die Implementierungen des *Embedded Debug Tools* in einem echten System untersucht und besprochen. Das *Embedded Debug Tool* wurde mit dem 8-bit Prozessor *AVR atmega103* und dem 32-bit Prozessor *LatticeMico32* überprüft.

Im Kapitel 9 werden die Ergebnisse aus den Kapiteln 6,7 und 8 dem aktuellen Stand der Forschung gegenübergestellt. Es wird untersucht, in wie weit das vorgestellte *Embedded Debug Tool* für *Debugging* und *Tracing* eine Verbesserung zum bisherigen Stand der Technik mit sich bringt. Ein Ausblick für weitere Forschungen wird gegeben.

1.2 Grundlegende Begriffe und Definitionen

Folgende Begriffe und Definitionen werden in dieser Arbeit verwendet:

- ASIC: *Application Specific Integrated Circuit*. Eine elektronische Schaltung, die als integrierter Schaltkreis realisiert wurde. ASICs werden weltweit von vielen Herstellern nach Kundenanforderung gefertigt und normalerweise nur an diese geliefert.

- ARM: Advanced RISC Machines. Die Firma ARM stellt heute bei *Embedded Systems* einen großen Teil der am Markt erhältlichen Prozessorkerne.

- Cache: Ein Cache ist ein schneller Pufferspeicher, der Kopien eines anderen Speichers enthält und den Zugriff darauf beschleunigt.

- Debugging: Auffinden von Fehlern bei der Entwicklung von Hardware und Software Systemen.

- DLL: *Dynamic Link Library*, eine Bibliothek die während der Laufzeit zum Programm gelinkt wird.

- EEPROM: *Electrically Erasable Programmable Read-Only Memory*. Ein Speicher, der elektrisch lösch- und schreibbar ist.

- FPGA: *Field Programmable Gate Array*. Ein programmierbarer Integrierter Schaltkreis (IC) der Digitaltechnik, der immer modifiziert werden kann.

- Heisenbug: Ein Fehler, der erst im Zuge der Fehlersuche entstanden ist.

- JTAG steht für Joint Test Access Group. Die JTAG-Schnittstelle wird eingesetzt, um Debugging in *Embedded Systems* durchzuführen. Weiters wird diese Schnittstelle für automatisiertes Testen und Programmdownloads verwendet.
- MMU *Memory Management Unit*. Hardwareeinheit zur Speicherverwaltung von Computern.
- Mutex: Durch die Verwendung von Mutex wird der gleichzeitige Zugriff auf Daten verhindert.
- PC: Personal Computer.
- RAM: *Random Access Memory*, Halbleiterspeicher für den Arbeits- oder Hauptspeicher
- Race Condition: Als Race Condition werden Konstellationen bezeichnet, in denen das Ergebnis einer Operation vom zeitlichen Verhalten bestimmter Einzeloperationen abhängt.
- Registerbank-Switching: Mehrfach vorhandene Registerbänke, um ein rasches Umschalten vom normalen Modus in den Interruptmodus zu gewährleisten.
- ROM: *Read Only Memory*. Unter ROM versteht man einen Datenspeicher, der nur lesbar ist, im normalen Betrieb aber nicht beschrieben werden kann und nicht flüchtig ist.
- RTOS: *Real-Time Operating System*. Ein Betriebssystem mit zusätzlichen Echtzeit-Funktionen für die Einhaltung von Zeitbedingungen und die Vorhersagbarkeit des Prozessverhaltens.
- Scheduling: Unter Scheduling versteht man die Erstellung eines Ablaufplanes (schedule), der Prozessen zeitlich begrenzt Ressourcen zuweist.
- SoC: Ein System-on-Chip besteht aus einem ASIC oder FPGA, in dem Peripherie, Prozessor und Software inkludiert sind. Die Aufteilung in Mikroprozessor und Peripheriebausteine entfällt bei einem SoC - es sind alle Komponenten in einem einzigen Chip zusammengefasst.
- Semaphore: Semphore werden zur Prozesssynchronisation eingesetzt.
- Stack: Stapel- oder Kellerspeicher.

KAPITEL 1. EINLEITUNG

- Task: ein Prozess (zum Beispiel ein Programm), der auf der untersten Systemebene (Kernel) läuft.
- Thread: Teil eines Prozesses.
- Tracepoint: Stelle im Source Code, an der Trace Ausgaben stattfinden.
- VHDL: Very High Speed Integrated Circuit Hardware Description Language.

2 Grundlagen und Anwendungsgebiete

In diesem Kapitel werden klassische *Debug*-Methoden und die Kombination von *Debugging* in Hardware und Software vorgestellt. Die unterschiedlichen Anwendungs- und deren Einsatzgebiete für *Debug*- und *Tracetools* werden dargestellt und diskutiert.

Der Begriff *Debugging* leitet sich vom englischen Wort für Wanze (*Bug*) ab. Der Computer der Compilerbau-Pionierin Grace Hopper wurde durch eine Wanze außer Betrieb gesetzt, weil die Wanze durch die Kathodenstrahlröhre angelockt wurde und einen Defekt verursachte. Seit diesem Vorfall wird in der Entwicklung von Computersystemen das Wort *Bug* für fehlerhaftes Verhalten gleichgesetzt. *Debugging* wird das Auffinden und Beheben fehlerhafter Hardware oder Software genannt.

Debugging wenden in erster Linie Software- und Hardwareentwickler an, die Fehler in einem Hardware- und/oder Softwaresystem finden und beheben wollen. Weitere Anwender können auch Mitarbeiter aus den Bereichen Test, Produktion oder Service sein. Für *Debugging* steht eine große Auswahl an Werkzeugen zur Verfügung, wodurch die Fehlersuche unterstützt wird. Mit Hilfe eines *Debuggers* können Fehler gefunden und das fehlerhafte Verhalten ausgebessert werden.[Aga02]

2.1 Debugging-Methoden

2.1.1 Hardware Debugging

Für Hardwareentwickler stehen in der Entwicklungsphase Softwarewerkzeuge zur Verfügung, in denen das Verhalten der Hardware simuliert wird. Zum Auffinden von Fehlern bei bereits produzierter Hardware werden Messgeräte wie Multimeter, Oszilloskop oder Logikanalysatoren eingesetzt. Bei der Entwicklung des Layouts müssen entsprechende Testsignale auf Messpunkte ausgeführt werden, um Möglichkeiten für geeignete Messungen zu schaffen.

KAPITEL 2. GRUNDLAGEN UND ANWENDUNGSGEBIETE 16

Weiters gibt es für Hardware-Entwickler viele Simulationsprogramme, die die Zustände der Hardware nachbilden. Vor allem im Bereich der digitalen Hardwareentwicklung und bei der Verwendung von Hardwarebeschreibungssprachen (zum Beispiel *VHDL*) besteht ein großer Teil der Entwicklung im Simulieren und Testen der Anforderungen mit komplexen Softwaretools. Die Hardware selbst wird dazu nicht benötigt. Daher sind die Tests mit der fertigen Hardware im Vergleich zu den Simulationen weniger zeitintensiv.

2.1.2 Software Debugging

Seit Beginn der Software Entwicklung werden Fehler durch sogenannte *Code Reviews* gefunden. Diese sehr einfache Methode benötigt keine zusätzlichen Werkzeuge. Es ist lediglich ein Ausdruck des Source Codes notwendig, um mit dem *Debugging* beginnen zu können. Falls Variablen in einem Programm verwendet wurden, so mussten alle Werte dieser Variablen untersucht und der *Code* analysiert werden. Diese Technik ist für einige Fehlerfälle in der Software-Entwicklung immer noch wichtig. Damit können fehlerhafte Überlegungen der Software-Entwickler nachvollzogen werden. In der Zwischenzeit gibt es eine Vielzahl an Unterstützungen für Software-Entwickler, die zusätzlich dazu eine komfortablere Fehlersuche erlauben.

Für Softwareentwickler stehen sehr mächtige Werkzeuge von unterschiedlichen Herstellern zur Verfügung. Mit diesen Werkzeugen kann die Software in einzelnen Schritten geprüft werden. Da die einzelnen Software-Teile sequentiell ablaufen, können hier die Tests für kleinere Softwaremodule einfacher durchgeführt werden. Mithilfe von *Break-* und *Watchpoints* können Stellen im *Sourcecode* definiert werden, an denen das Programm stoppt. Von diesen Stellen kann der Software-Entwickler im *Single-Step*-Verfahren oder *Multi-Step*-Verfahren die Software Schritt für Schritt durchtesten. Die einzelnen Variablen und Speicherstellen können ausgelesen und verändert werden. Für kleine abgeschlossene Module werden somit sehr effiziente Tests von Software-Entwicklern durchgeführt.

Komplexer wird es allerdings bei Systemen, wo Prozesse parallel ablaufen, zu beliebigen Zeitpunkten die Prozesse unterbrochen werden können und wo Echtzeitanforderungen gegeben sind. In diesen Fällen versagen die eben beschriebenen *Debug*-Methoden und die Entwickler sind oft mit hoch komplexen Problemen konfrontiert, die neuartige *Debug*-Konzepte erfordern.

2.1.3 Grundprinzipien

Bei sehr vielen *Embedded Systems* wird die Softwareentwicklung und das *Debugging*, nach dem Schema wie in Abbildung 2.1 dargestellt, durchgeführt:

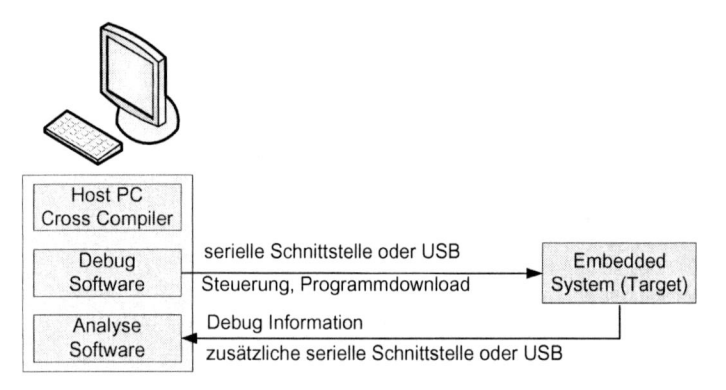

Abbildung 2.1: Übersicht Programmierung und Debugging bei *Embedded Systems*

Auf einem PC wird mit einem *Cross-Compiler* die Software für das Zielsystem entwickelt. Anschließend wird das Programm über eine Schnittstelle zum Zielsystem übertragen und dort abgespeichert. Meistens werden dafür die serielle Schnittstelle oder USB verwendet. Über die gleiche Schnittstelle oder über eine optionale zusätzliche Schnittstelle wird am Zielsystem die Software auf Fehler untersucht. Das *Debugging* im *Embedded System* wird über den PC gesteuert. Der Entwickler kann meistens über eine grafische Oberfläche die *Debug*-Vorgänge steuern.

Ein typisches *Embedded System* besteht aus einem Mikroprozessor und einer Software, welche die Abläufe der Anwendung steuert. Bei größeren Systemen werden Betriebssysteme - oftmals echtzeitfähige - eingesetzt. Bei manchen *Embedded Systems* werden mehrere Prozessoren eingesetzt. Diese können direkt am (*FPGA Field Programmable Gate Array*) über interne Busse verbunden sein oder auf verteilten Knoten über Feldbussysteme kommunizieren. Während der Entwicklung müssen die Vorgaben der Spezifikationen umgesetzt werden und die Funktionalität auf Korrektheit geprüft werden. Für das Auffinden von fehlerhaftem oder falschem Verhalten der Software werden verschiedene *Debug*-Techniken eingesetzt.

Die *Debug*-Techniken werden in *Stopp-mode-* und in *Run-mode* Debugging unterteilt.

Stopp-mode Debugging

Beim *Stopp-mode* Debugging wird der Mikroprozessor angehalten und die Daten des aktuellen Zustandes werden vom Software-Entwickler analysiert. Dazu werden in der Regel *Breakpoints* verwendet, die an einer bestimmten Code-Zeile durch das *Debug-Tool* platziert werden können. Läuft der Prozessor auf einen *Breakpoint* auf, so wird das Programm unterbrochen und der Prozessor wechselt in den *Debug*-Modus. Nun kann der Entwickler Speicherstellen auslesen und im *Single-Step* Verfahren einzelne Codezeilen exekutieren, um den Fehler zu finden. Es ist auch möglich, dass während der *Debug*-Phase Speicherstellen durch den Debugger verändert werden. Der Entwickler kann Bedingungen für Abzweigungen, Schleifen und Bedingungen manipulieren und somit einen Fehler absichtlich herbeiführen beziehungsweise das Programm zwingen, rascher an eine bestimmte Stelle zu gelangen.

Stopp-mode Debugging ist sehr nützlich, wenn die Fehler relativ einfach und abgrenzbar sind. Wenn eine Software auf eine neue Hardware portiert werden muss oder neu entwickelt wird, ist diese Methode für eine rasche Inbetriebnahme unverzichtbar.

Wie in Abbildung 2.1 gezeigt, besteht ein *Stopp-Mode*-System typischerweise aus einem Host-Computer, auf welchem die Software entwickelt wird und auch der *Debugger* installiert ist. Über die Debugger-Software des Host-PCs kann die Software in das Zielsystem geladen werden und anschließend im *Stopp-Mode-Debugging* Verfahren auf Fehler untersucht werden. Angeschlossen an den Host-Computer ist eine *Probe*. Diese stellt die Verbindung zwischen Zielsystem (*Target*) und Host-Computer her. Die *Probe* unterstützt die Schnittstelle des Mikroprozessors (z.B. JTAG) und hat weiters eine Standard-Schnittstelle zum Host-Computer - diese kann über serielle Schnittstelle, USB oder Ethernet angebunden sein. Ein großer Nachteil dieser *Debug*-Technik ist, dass die Software angehalten wird. Diese Methode ist daher bei vielen Systemen nicht möglich.

Beispiele, wo diese Techniken größere Probleme verursachen, sind Echtzeit-Anwendungen, bei denen durch Unterbrechen oder Stoppen des Programms, neue vorher nicht vorhandene Fehler auftreten, Vor allem bei verteilten Systemen kann

KAPITEL 2. GRUNDLAGEN UND ANWENDUNGSGEBIETE 19

diese *Debug*-Technik kaum angewendet werden. Weitere Probleme sind bei mechatronischen Anwendungen zu finden, bei denen Sensoren eingelesen und Aktoren gesteuert werden. Dabei können in diesem *Debug*-Modus schwere irreversible Fehler hervorgerufen werden. Eine mikroprozessor-gesteuerte Motorkommutierung, die in einem falschen Zustand längere Zeit verbleibt, kann dazu führen, dass der Motor stehen bleibt und die Wicklungen des Motors oder die Ansteuerelektronik sich so stark erhitzen, dass sie irreversibel defekt werden. Bei der Entwicklung von *Embedded Systems* ist sehr häufig *Debugging* nur mit der *Stopp-mode* Technik nicht zielführend - der Zeitaufwand zum Auffinden der Fehler ist zu hoch und birgt zu hohe Risken.

Run-Mode Debugging

Ein weitere *Debug*-Technik ist das *Run-Mode Debugging*. Bei dieser Methode wird der Mikroprozessor nicht angehalten. Das Programm wird weiter exekutiert. Am Host-System ist eine *Debug*-Software installiert, die die *Debug*-Ausgaben verarbeitet und textuell oder grafisch darstellt. Am Zielsystem muss ebenfalls eine Software installiert sein, die mit der *Debug*-Software am PC kommuniziert. Die *Debug*-Software des Zielsystems kann im Betriebssystem integriert sein oder als eigener *Debug-Task* laufen. Damit können während der Laufzeit Informationen von laufenden oder ruhenden Tasks gelesen werden sowie auch Speicherinhalte ausgelesen werden. Bei Systemen ohne Betriebssystem ist das *Run-mode Debugging* reduziert auf Print-Ausgaben, die Informationen über den aktuellen Zustand der Software und Hardware geben können. Bei all diesen Systemen wird durch das *Debugging* das Laufzeitverhalten des *Embedded Systems* geändert. Auch die Speicherbereiche werden durch die *Debug-Tasks* am Zielsystem zusätzlich belastet, was vor allem bei Systemen mit wenig Speicher zu Problemen führen kann. Ein Beispiel dafür wäre ein *Stack-Overflow*, der durch das *Debugging* hervorgerufen wurde. Ein weiterer Fehlerfall ist das dynamische Allokieren von Speicher. Hier kann durch die Einflüsse des *Debugging* zuwenig Speicher freigegeben werden.

2.1.4 Das Heisenberg Problem

Das *Debugging* beeinflusst das Laufzeitverhalten und die Speicherauslastung des zu untersuchenden Systems. Fehler können durch die zusätzlichen *Debug*-Ausgaben auftreten. Es ist sogar möglich, dass genau durch die *Debug*-Ausgaben

Fehler verhindert werden. Werden dann nach Ende der Fehleranalysen, die *Debug-Ausgaben* aus dem Source-Code durch entsprechende Compilereinstellungen entfernt, so können in der Endversion neue Fehler auftreten, weil das Laufzeitverhalten des Systems verändert wurde. Diese Effekte nennt man Überwachungseffekte. Fehler, die sich durch Überwachung beeinflussen lassen, werden als *Heisenbugs* bezeichnet und sind nur sehr schwer reproduzierbar.

Als Beispiel aus der Praxis sei das Verhalten einer Motoransteuerung mit Kommutierung unter Verwendung von Interrupts diskutiert. Für die Ansteuerung der Kommutierung eines Drei-Phasen-Motors wurden im Interrupt einige Sensorwerte eingelesen und die Ansteuerungen der Wicklungen durchgeführt. Da die Implementierung der Motoransteuerung nicht korrekt war und die Anforderungen des Systems nicht erfüllt wurden, musste die Software auf Fehler untersucht werden. Ein *Stopp-Mode-Debugging* konnte nicht durchgeführt werden, weil ein längeres Verweilen in einem ungünstigen Zustand im Interrupt dazu geführt hätte, dass im schlechtesten Fall der Motor irreversibel beschädigt wird. Daher wurden einige *Debug*-Ausgaben im *Interrupt* ausgegeben. Durch diese zusätzlichen Zeilen in der Software wurde jedoch das Echtzeitverhalten verändert, was dazu geführt hat, dass bei Aktivierung der *Debug*-Ausgaben das Systemverhalten sich noch verschlechterte. Das *Debugging* führte also zu zusätzlichen Fehlern, die ohne *Debugging* nicht aufgetreten wären.

2.1.5 Race Conditions

Der Terminus *control flow* wird verwendet, um den Pfad eines *Threads* durch einen Abschnitt des *Codes* zu beschreiben. Er beinhaltet Informationen über die Auswahl der Abzweigungen, die Anzahl der Schleifendurchläufe und rekursive Aufrufe. Analog dazu wird der Terminus *system control flow* verwendet, um den Ablauf von *Task Interleavings*, Unterbrechungen und Interrupts in einem Multitaskingsystem zu beschreiben. Semaphore, Mutex, Critical Sections und andere Synchronisationsmechanismen bewirken die entsprechenden Ablaufsänderungen des *system control flow*. Der *System Level Flow* ist wichtig, weil dadurch die Ableitung des Ablaufs von Events und das Verhalten der einzelnen Tasks nachvollzogen werden kann. Falls mehrere Tasks um gleiche Ressourcen konkurrieren, oder falls Tasks auf gemeinsame Speicherbereiche zugreifen, kann es zu Fehlern kommen, die sehr schwer zu finden sind. Fehler, falls zwei oder mehrere Prozesse die gleichen Ressourcen verwenden und dadurch fehlerhafte Zustände hervorru-

KAPITEL 2. GRUNDLAGEN UND ANWENDUNGSGEBIETE

fen, nennt man *Race Condtions*. Folgendes Beispiel soll die Problematik verdeutlichen [Lan05]:

```
volatile unsigned int pressed;

SIGNAL ( SIG_INTERRUPT0 )
{
    pressed = 0 x0000;
}


int main ( void )
{
    /* init extern interrupt and key */
    sbi(EIMSK , INT0 );
    sbi(EICRA , ISC01 );
    cbi(EICRA , ISC00 );
    cbi(DDRD , 0);
    cbi(DDRD , 1);
    asm("SEI");
    pressed = 0 x0000;

    for ( ; ; )
    {
        loop_until_bit_is_set (PIND ,1);
        loop_until_bit_is_clear (PIND ,1)
        pressed ++;
    }
}
```

Listing 2.1: Race Condition Source Code [Lan05]

Der *Source Code* in obigem Listing zeigt eine Applikation für einen Personenzähler. Immer wenn eine Person durch eine Lichtschranke geht, wird die Variable *pressed* erhöht. Dies wird im Hauptprogramm von Zeile 21 bis 26 durchgeführt. Die Variable *pressed* kann durch Tastendruck wieder auf den Wert 0 gesetzt werden (vgl. Zeile 5 bis 7). Dies ist über einen Interrupt gelöst *SIGNAL(SIG INTERRUPT0)*.

Aus dem *Source Code* in C ist nicht sofort ersichtlich, dass hier eine *Race Condition* auftreten kann. Falls man den assemblierten Code betrachtet, wird die Problematik jedoch klarer. Das Inkrementieren der Variable *pressed* ist in *C* in einer einzigen Zeile gelöst. In Assembler werden dafür jedoch 3 Anweisungen benötigt: Kopieren der Variable vom Speicher in ein Register, Erhöhen des Wertes im Register, Zurückschreiben des Registerwertes in den Speicher. Da die Variable *pressed* eine 16-bit Variable ist und das Programm auf einem 8-Bit Controller exekutiert wird, sind in diesem Fall sogar 5 Befehle notwendig. Zwischen jedem Befehl kann ein Interrupt auftreten die Operation *pressed++* ist daher unterbrechbar.

KAPITEL 2. GRUNDLAGEN UND ANWENDUNGSGEBIETE 22

```
/* C-Code */

pressed ++;

; Assembler Code für pressed++;

LDS  R24, 0x100     ;Load direct from dataspace
LDS  R25, 0x101     ;Load direct from dataspace
ADIW R24, 0x01      ;Add Immediate to word
STS  0x101, R25     ;Store direct to dataspace
STS  0x101, R25     ;Store direct to dataspace
```

Listing 2.2: Race Condition Source Code [Lan05]

Angenommen, die Variable *pressed* soll den Wert von eins auf zwei erhöhen. Der Inhalt der Variable wird in die Register 24 und 25 geladen. Anschließend werden die Registerwerte durch den Befehl *ADIW* um eins erhöht. Falls nach diesem Befehl der Interrupt für das Rücksetzen der Variable auftritt, so wird die Variable *pressed* im Interrupt auf Null gesetzt. Durch die Verarbeitung der Interrupt Service Routine wird der Inhalt der Register 24 und 25 nicht beeinflusst. Der Inhalt der Register wird in den Speicher zurückgeschrieben. Dadurch bleibt das Rücksetzen der Variable *pressed* auf den Wert 0 unberücksichtigt.

Ähnliche Fälle können auftreten, wenn zwei oder mehrere *Tasks* in einem unterbrechbaren Multitaskingsystem konkurrieren. In Abbildung 2.2 ist dieser Sachverhalt abgebildet.

Typischerweise wird eine fehlerhafte Synchronisation und ungeschützter Zugriff auf *shared memory* zu Systemfehlern führen. In einem Journalartikel aus dem Jahre 1992 haben Netzer und Miller diese Race Condition kategorisiert. Die Autoren differenzieren zwei unterschiedliche Typen von *Races*[NM92]:

- *General Races*: Diese treten bei fehlerhaft synchronisierten Programmen auf, die vollständig deterministisch ablaufen sollten. Beispiel für diesen Typus einer *Race Condition* sind Programme, die streng sequentiell ablaufen müssen, jedoch Teile der Software in mehreren Prozessen aufgegliedert ist. Falls die Synchronisation nicht erfolgreich durchgeführt wird, entstehen hierbei *General Races*.

- *Data Races*: *Data Races* beschreiben Situationen, bei denen der Zugriff, der als ununterbrechbar (*atomic*) gedacht war, unterbrochen werden kann. Dies kann aufgrund eines fehlerhaften oder fehlenden gegenseitigen Ausschlusses im Programm verursacht sein.

KAPITEL 2. GRUNDLAGEN UND ANWENDUNGSGEBIETE

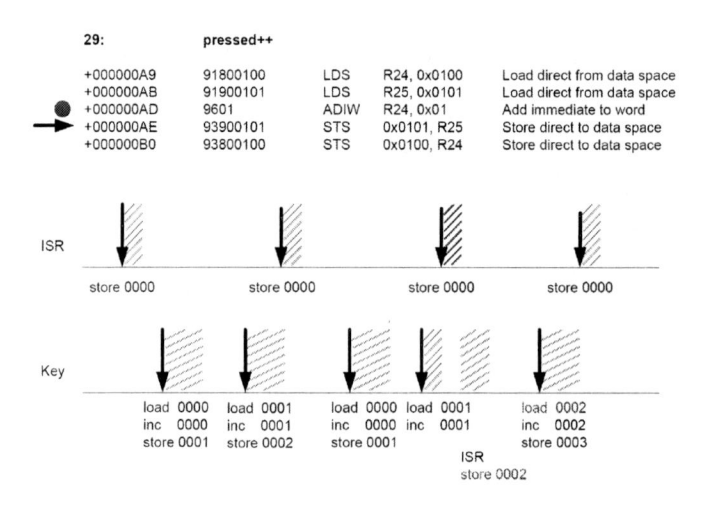

```
29:            pressed++
+000000A9      91800100    LDS     R24, 0x0100    Load direct from data space
+000000AB      91900101    LDS     R25, 0x0101    Load direct from data space
+000000AD      9601        ADIW    R24, 0x01      Add immediate to word
+000000AE      93900101    STS     0x0101, R25    Store direct to data space
+000000B0      93800100    STS     0x0100, R24    Store direct to data space
```

ISR
store 0000   store 0000   store 0000   store 0000

Key
load 0000   load 0001   load 0000 load 0001   load 0002
inc 0000   inc 0001   inc 0000 inc 0001   inc 0002
store 0001   store 0002   store 0001   store 0003
                                      ISR
                                      store 0002

Abbildung 2.2: Race Condition Verlauf ([Lan05])

2.1.6 Debugging und Zeit

[Sun02] *System Level Control Flow* Events können entweder synchron oder asynchron sein. Synchrone Events sind zum Beispiel der Empfang von Messages, das freigeben von Semaphoren oder Aufrufe für Delays. Asynchrone Events treten unabhängig vom Programmfluss auf. Beispiele hierfür wären Interrupts von Timer von externen Peripherieeinheiten. Diese Unterbrechungen passieren zufällig zu einem beliebigen Zeitpunkt und unterbrechen die laufenden Tasks und Programme. Synchrone Events treten immer auf vordefinierten Stellen des Programms auf. Eine Semaphore kann nur an der Stelle freigegeben werden, an der die Semaphore in der jeweiligen Programmzeile aufgerufen wird. Interrupts hingegen können immer auftreten, sofern die Interrupts nicht gerade deaktiviert wurden. Interrupts haben daher sowohl zeitlich als auch logisch einen unrestriktiven Zugang für die Unterbrechung des Programms. Daher ist das Auftreten dieser Events nicht einfach zu bestimmen im Gegensatz zu den synchronen Events.

1978 präsentierte Lamport [Lam78] eine Methode, um in einem verteilten System eine totale Hierarchie von Events zu gewährleisten. Diese Publikation behandelte das Problem der fehlenden Zeitbasis bei Multiprozessorsystemen mit verschiedenen Clocks. Lamport löste das Problem, indem statt physikalischen Clocks verteilte Algorithmen basierend auf logischen Clocks pro Knoten eingesetzt werden. Auf verschiedenen Knoten sind ununterscheidbare Zeitstempel vorhanden. Auch wenn wir hier keine Multiprozessorsysteme sondern Multitaskingsysteme untersuchen, so gibt Lamports Publikation eine interessante Richtung vor: Eine korrekte Reproduktion des zeitlichen Verhaltens einer Verarbeitung bedingt die korrekte Reproduktion der Aufeinanderreihung der Events. Umgekehrt ist allerdings durch die korrekte Reproduktion der Aufeinanderfolge von Events das zeitliche Verhalten nicht notwendiger Weise korrekt nachvollziehbar. In vielen Systemen ist es ausreichend, wenn die Reihenfolge der Events bekannt ist, um das Systemverhalten zu beurteilen. Bei Echtzeit-Systemen mit strikten Vorgaben für *Deadlines* ist das zeitliche Verhalten aber so wichtig, dass die Information über die Abfolge der Events alleine nicht ausreichend ist. Ein Beispiel dafür wäre ein Multi-Tasking-Echtzeit-System mit harter Echtzeit und *Deadlines*, die unbedingt eingehalten werden müssen, weil es sonst zu schwerwiegenden Fehlverhalten (zum Beispiel Unfälle mit Personenschäden oder irreversible Schäden) kommen kann.

2.2 Zusammenfassung

In diesem Kapitel wurde eine Einführung in *Debug*-Methoden gegeben. Der Aufbau von typischen *Debug*-Systemen für Hardware- und Softwareentwickler wurde dargestellt. Auf Probleme und besondere Vorsicht für die Entwickler bei *Run-Mode* und *Stopp-Mode-Debugging* wurde hingewiesen. Konkrete Beispiele aus der Praxis für *Race Conditions* und *Heisenbugs* wurden erläutert und diskutiert.

3 Stand der Forschung

In diesem Kapitel werden jene Arbeiten vorgestellt, die im Themenbereich der Dissertation angesiedelt sind und ähnliche Problemstellungen bereits untersucht haben. Ausgehende von allgemeiner Literatur zum Thema *Debugging* werden in diesem Kapitel spezielle Probleme bei *Debugging* von *Embedded Systems* und *Systems-on-Chips* vorgestellt. Außerdem werden Konzepte wie *Replay Debugging*, *Time-Machines* und *Debugging* unter Echtzeitbedingung diskutiert. Das *Debugging* von Systemen im Feld und die bereits vorhandenen Konzepte zum Lösen der dort auftretenden Probleme sowie die Möglichkeiten zur Analyse der Auslastung des System wird ebenso besprochen. Abschließend werden aus der Industrie bekannte *Debug*- und *Tracetools* behandelt.

3.1 Traditionelle Debug-Methoden

Viele wissenschaftliche Arbeiten und Publikationen befassen sich mit *Debugging* und *Tracing*. Noch relativ neu ist das Thema des *Debuggings*, das Hardware und Software in einem System vereint betrachtet und hier neue Methoden für *Debugging* und *Tracing* finden lässt. Die Literatur zum Thema *Debugging* und *Tracing* geht von Desktopsystemen, verteilten Systemen, Echtzeitsystemen, *Systems-on-Chip*, bis hin zu reinen Software basierenden Architekturen. Klassische *Stopp-Mode-Debugging*, reine Software basierende *Debug*-Methoden und graphische Analysen von *Debug*-Möglichkeiten gehen nicht in die Betrachtung dieses Kapitels ein. Der Fokus dieser Dissertation ist das Entwickeln einer *Debug*-Einheit, mit der komplexe Fehler auffindbar werden. Daher wird auch nur auf jene Literatur Rücksicht genommen, die zu den Bereichen *Embedded Systems*, *Systems-on-Chip* oder Hardware nahes *Debugging* zuordenbar ist.

Ein sehr allgemein gehaltene Übersicht zum Thema Debugging findet sich in dem Buch von Agans, das 2002 erschienen ist: *Debugging. The Nine Indispensable Rules for Finding Even the Most Elusive Software and Hardware Problems* [Aga02]. In diesem Buch werden Methoden vorgestellt, die für die Entwickler von Hardware und Software Systemen immer beachtet werden sollten:

KAPITEL 3. STAND DER FORSCHUNG 27

- Das System sollte grundlegend verstanden worden sein,
- Es sollten bewusst Fehler im System eingebaut werden, um das System besser zu verstehen,
- das reine Nachdenken sollte nicht zu lange dauern, die Systeme sind zu komplex, um durch reines Nachdenken die Fehlermöglichkeiten zu überblicken,
- Das System sollte in kleinere Pakete aufgeteilt werden, um dort die Fehler zu überwinden,
- Es soll nur eine Änderung zu einem Zeitpunkt durchgeführt werden, um den Überblick zu bewahren,
- Es sollten Traces und Debugausgaben sehr intensiv eingesetzt werden,
- Der neue Blick soll sich schlussendlich nach ersten Voranalysen auf das Gesamtsystem richten.

Diese sehr allgemein gehaltenen Regeln werden anhand von konkreten Beispielen für die Praxis von Hardware Software Systemen umgesetzt, geben aber keinen Aufschluss über komplexe *Debug*-Möglichkeiten.

Lenevicius präsentierte im Jahr 2000 *Advanced Debugging Methods [Len00]*. In diesem Buch beschreibt er ein *Debug*-Werkzeug, welches auf Abfragen basiert und eine Vorgehensweise für effizientes *Debugging* darstellt. In dem Buch werden zusätzlich *Debug*-Methoden und Tools beschrieben, die auf Datenvisualisierung, Mustererkennung und -verarbeitung, Datenbank Suchabfragen und auf Regeln basierende Programmabfolgen beruhen.

Moore und Moya beschreiben in ihrem Bericht über *Non-Intrusive Debug Technique for Embedded Programming* [MM03] eine *Trace-Debugging*-Methode, die Unterstützung für das Debugging von Echtzeitsystemen bei *Embedded Systems* bringt. Es handelt sich dabei um Messungen, die mit speziellen Algorithmen erweitert wurden, so dass es zu keiner Beeinflussung des Systems kommt. Dabei unterscheidet sich diese Technik von bisher angewandten, dass a priori Informationen verwendet werden. Es werden vor allem die Informationen berücksichtigt, welche Schleifen abgearbeitet werden oder welche Abzweigungen in nächster Zeit aufgerufen werden. In einer Software Simulation werden die Ergebnisse geprüft und gegenübergestellt. Eine Überprüfung der Ergebnisse in Hardware oder mit richtigen Prozessoren wird jedoch nicht gemacht.

3.2 On Chip Debugging

In seiner Publikation *On-Chip Monitoring of Single- and Multiprocessor Hardware Real-Time Operating Systems* [Sho02] zeigt Shobaki ein *Hardware Monitoring System*, das *non-intrusive* Beobachtungen zulässt, während des Ablaufs eines hardwarebeschleunigten Echtzeitsystems. Durch die Verwendung von Caches und beschränkter Pinanzahl der Prozessoren ist für ihn eine *Debug*-Möglichkeit *on-chip* notwendig. Der Monitor MAMon (Multiprocess Applications Monitor) wird eingesetzt, um einen Hardware basierenden Echtzeit-Kernel zu beobachten. In Abbildung 3.1 ist der Hardwareaufbau dargestellt. Das SARA (Scalable Architecture for Real Time Applications) System besteht aus mehreren verteilten Knoten, die über einen Bus miteinander verbunden sind. Über die *RTU (Real Time Unit)* werden die Echtzeitanforderung des Systeme realisiert. Die Software auf jedem Knoten hat ein minimales Echtzeitbetriebssystem, das eine Schnittstelle zur *RTU* benutzt. Die Software auf den Prozessoren ist soweit abstrahiert, dass die einzelnen Tasks auf verschiedenen Knoten laufen könnten.

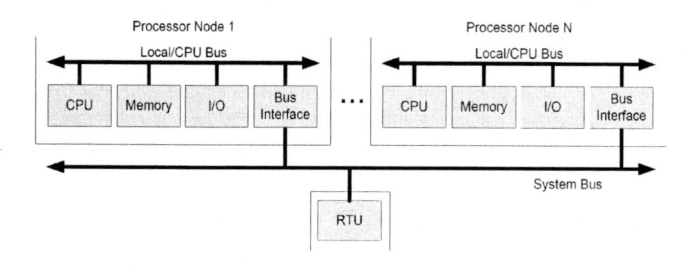

Abbildung 3.1: Hardware Ansicht des SARA System ([Sho02])

In Abbildung 3.2 ist der Aufbau des Monitor *MAMon* skizziert. Ein Host Computer wird für das Aufzeichnen und die Analyse der Daten verwendet. Über das Host-Interface ist dieser mit dem Zielsystem verbunden.

Im Zielsystem sind über die *IPU (Integrated Probe Unit)* Debugausgaben zum Zielsystem möglich. Die IPU hat eine Schnittstelle zur *Real Time Unit* und ist am Bus angeschlossen, wo die restlichen CPUs angebunden sind. Mit diesem Aufbau werden Informationen wie *Task-Switch* und Events von Multiprozessorsystemen an die *Debug*-Verarbeitung im Host PC weitergeleitet.

KAPITEL 3. STAND DER FORSCHUNG 29

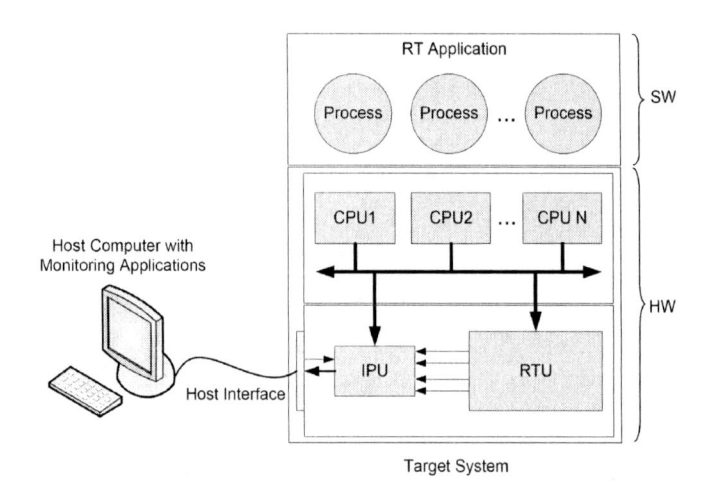

Abbildung 3.2: Überblick MAMon ([Sho02])

Richter und Ernst beschreiben eine Methode, die die Verifikation der Performance con heterogenen Architekturen behandelt. [RJE03] Der Schwerpunkt ihrer Untersuchungen liegt auf größere heterogene Multiprozessorsysteme mit unterschiedlichen Betriebssystemen und Busprotokollen. Sie präsentieren eine *Debug*-Technik, die die Analyse von lokalen *Scheduling* Strategien und Event Schnittstellen koppelt. Basis ihrer Untersuchung ist das Betriebssystem OSEK. Die Prozessoren werden über *Networks on Chip (NOC)* auf einem Chip realisiert und kommunizieren so untereinander. In ihrer Arbeit führen sie ein *Event Model Interface* ein, das die Aufgabe hat, das Modell von periodischen Events mit *Jitter* auf ein Modell mit sporadischen Events von Hardwarekomponenten zu übertragen.

K.D. Maier beschreibt in seinem Beitrag über *on-Chip Debug Support for Embedded Systems-on-Chip* [Mai03] eine on-Chip Hardware Architektur, die die Applikations-Softwareentwickler für *Embedded Systems* unterstützen soll. Seine *Debug*-Architektur unterteilt er in 3 Bereiche:

- Prozessor spezifische Debug Ressourcen,

- eine serielle Kommunikationsschnittstelle, um das *System-on-Chip* mit ei-

KAPITEL 3. STAND DER FORSCHUNG 30

nem Debug-Host-Computer zu verbinden und

- einer Anzahl von *interconnection links* für die Kommunikation zwischen der seriellen Kommunikation und den Prozessor *Debug*-Ressourcen.

Ein Beispiel für seine Architektur ist in Abbildung 3.3 gezeigt.

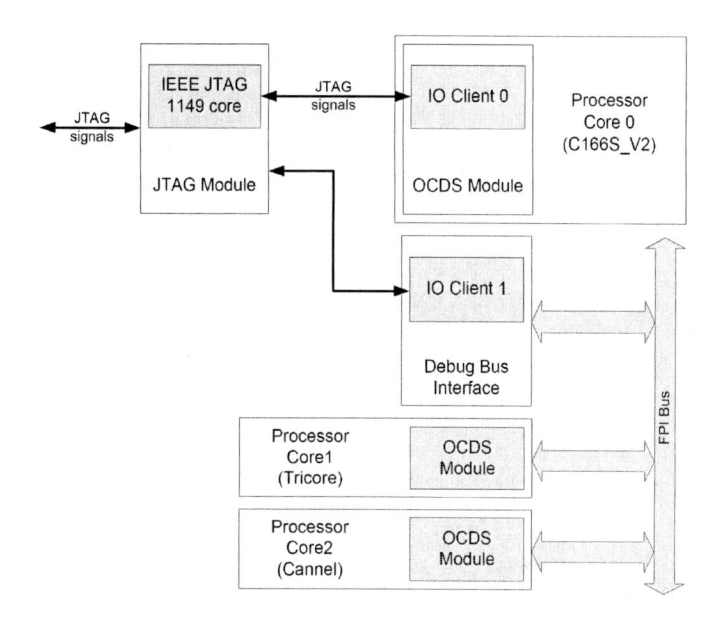

Abbildung 3.3: SoC Debug Beispiel mit 3 Prozessor Cores ([Mai03])

Das Bild zeigt 3 Prozessor Kerne, die mit je einem *OCDS (On chip Debug Support)* Modul ausgerüstet sind. Das *On-chip Debug Support Modul* überwacht die *Debug*-Möglichkeiten des Prozessors und ist spezifisch für den jeweiligen Prozessor angepasst. Über die *JTAG* Schnittstelle und den proprietären *High Speed FPI Bus* werden die einzelnen *On-chip Debug Support Module* miteinander verbunden. Somit ist es möglich, dass mehrere Prozessoren über eine *Debug*-Einheit gesteuert werden und das Debugging synchronisiert wird. Die *On-Chip Debug*

KAPITEL 3. STAND DER FORSCHUNG 31

Support Module sind spezifisch für den Prozessor und unterstützen die *Debug-Möglichkeiten* für klassisches *Stopp-Mode Debugging*. Für komplexe Anwendungen, *Trigger* und *Trace*-Funktionen ist das System nicht ausgelegt.

3.3 Replay Debugging

Replay Debugging ist eine Methode, bei der während der Laufzeit eines Systems, Informationen über besondere Abläufe und Zustände gesammelt werden. Diese aufgezeichnete Abarbeitung wird *Referenz-Execution* genannt. In einer *Replay Execution* wird versucht, das Verhalten der aufgezeichneten Informationen offline zu reproduzieren. [Sun02] [TS01]

3.3.1 Replay Debugging bei Gleichzeitigkeit

Dem ersten Vorschlag für *Replay Debugging* machten 1987 LeBlanc und Mellor-Crummey ([LMC87]). Sie nannten Ihre Methode *Instant Replay* und legten den Fokus auf das Mitloggen des Ablaufes von Zugriffen auf *shared objects* bei paralleler Verarbeitung. Die Schreibzugriffe wurden serialisiert. Es wurde festgelegt, ob ein Schreibzugriff W1 vor einem Schreibzugriff W2 durchgeführt wurde oder umgekehrt. Weitere Arbeiten beschäftigten sich mit der Minimierung von *Record*-Einträgen. Die Auswirkungen von Echtzeit-Ereignissen, wie *Interrupts* und das Verhalten des Systems wurde von Thane und Sundmark diskutiert.

Falls nur das Verhalten des Systems bezüglich der korrekten Reproduktion der Synchronisationssequenz einer Abarbeitung geprüft wird, so können wir Fehler entdecken, die sich auf fehlerhafte Synchronisation beziehen. Jedoch kann man nicht garantieren, dass die korrekte Reproduktion von unsynchronisiertem Zugriff auf *shared data* möglich ist. Weiters kann das Auftreten von asynchronen Events wie zum Beispiel *Hardware-Interrupts* nicht nachgebildet werden.

3.3.2 Replay Debugging bei Echtzeitsystemen

Bezüglich *Replay Debugging* bei Echtzeitsystemen haben Banda und Volz eine Methode vorgestellt, die das Verhalten der Abarbeitung eines Echtzeitsystems *non-intrusive* und Hardware basierend durchführt. Neben der Spezial-Hardware, die dafür vorgesehen war, musste auch eine zusätzliche Compileranpassung

KAPITEL 3. STAND DER FORSCHUNG 32

durchgeführt werden [VV89]. Ähnlich zu dem haben Tsai et al. eine *non-intrusive Hardware basierende* Methode mit *Replay*-Mechanismus vorgestellt, die auf einer sehr speziellen Hardwareplattform basiert. Die Methode von Tsai wurde allerdings als zu laborhaft abgelehnt und kann nur schwer in der Praxis eingesetzt werden [TFB90].

Auch Software basierende Methoden für das *Replay Debugging* von Echtzeitsystemen wurden präsentiert. So zum Beispiel die Methode von Dodd und Ravishankar für verteile Multiprozessorknoten in Echtzeitsystemen [DR92]. Das Logging dieser Methode basiert auf Software und greift daher in das Zeitverhalten des Systems ein. Zusätzlich ist auch bei dieser Methode ein Spezialprozessor nötig, der an jedem Knoten die Verarbeitung des Logging durchführt.

3.3.3 Reproduktion von asynchronen Ereignissen

Bei der Aufzeichnung und dem Wiederabspielen von asynchronen Elementen ist einerseits die Reproduktion dieser Elemente schwierig und andererseits auch die Bestimmung des exakten Zeitpunktes. Die exakte Zeit ist oft wichtig, um Fehler zu vermeiden. Als Beispiel stellt Sundmark folgendes Szenario dar:

In Abbildung 3.4 sind 2 Tasks dargestellt, die eine gemeinsame Ressource verwenden, deren Zugriff durch ein binäres Semaphor gesperrt ist. Im Bild ist der kritische Bereich durch schwarze Balken symbolisiert. In dem Beispiel tritt der *System-Clock-Interrupt* zum Zeitpunkt *t0* auf. Der *Scheduler* unterbricht Task A und Task B wird in den Zustand Running versetzt. Task B nimmt zum Zeitpunkt *t1* die binäre Semaphore und tritt in den kritischen Bereich ein. Zum Zeitpunkt *t2* gibt er die Semaphore wieder her. Damit kann Task A weiterarbeiten. Task A bekommt zum Zeitpunkt *t3* Zugang zum kritischen Bereich, der bereits durch Task B vorher verändert wurde.

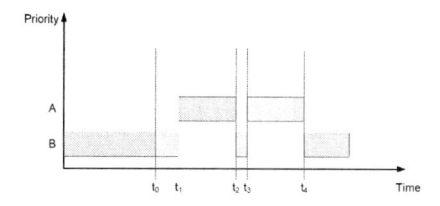

Abbildung 3.4: Fehlerhafte Abarbeitung wegen falscher Reihenfolge ([Sun02])

KAPITEL 3. STAND DER FORSCHUNG 33

Nun könnte man annehmen, dass die Reihenfolge der Abarbeitung in diesem Fall einen Fehler hervorgerufen hat. Mit einem Debugger wird versucht das Szenario zu reproduzieren und den Fehler zu untersuchen. Da wir nicht in der Lage sind, den Clock Interrupt zum exakt selben Zeitpunkt wie im Beispiel vorhin zu reproduzieren, könnte das Ergebnis der Abarbeitung ein anderes sein. Wie in Abbildung 3.5 gezeigt. Zum Zeitpunkt t0 bekommt Task A Zugang zum kritischen Bereich und nimmt sich die Semaphore. Zum Zeitpunkt t1 wird Task A vom höher prioren Task B unterbrochen. Task B arbeitet so lange, bis er ebenfalls in den kritischen Bereich eintreten wird. Zum Zeitpunkt t2 will Task B die Semaphore nehmen. Da jedoch bereits Task A diese hat, wird der Scheduler veranlassen, dass Task A nun die Rechenzeit zugewiesen bekommt. Task A arbeitet bis Zeitpunkt t3. Nun gibt er die Semphore und Task B ist wieder lauffähig. Durch die unterschiedlichen Clock-Zeiten, die nicht reproduzierbar sind, ist die Abarbeitung des kritischen Bereichs in unterschiedlicher Reihenfolge passiert. Es kann natürlich sein, dass durch die Abarbeitung in der Reihenfolge von Beispiel 2 dazu führt, dass der Fehler nun nicht mehr auftritt.

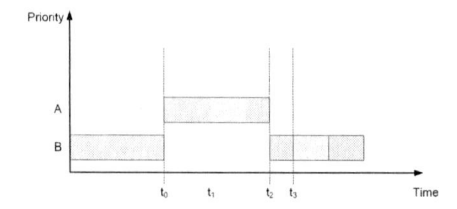

Abbildung 3.5: Korrekte Abarbeitung und Ereignis Reihenfolge ([Sun02])

3.3.4 Lokalisierungsprobleme der Ereignisse

Wie das obige Beispiel gezeigt hat, kann das Verhalten bei asynchronen Ereignissen nicht exakt reproduziert werden. Dadurch können fehlerhafte Zustände hervorgerufen werden oder fehlerhafte Zustände nicht erkannt werden.

Das Problem des Monitorings ist das exakte Lokalisieren der Ereignisse. Wie das obige Beispiel gezeigt hat, ist oft die exakte und zeitlich korrekte Reproduktion der Ereignisse absolut notwendig, um eine korrekte Reproduktion des Gesamtsystems zu erreichen. Ein weiteres Beispiel von Sundmark verdeutlicht dieses Problem.

KAPITEL 3. STAND DER FORSCHUNG 34

In Abbildung 3.6 ist das Unterprogramm A dargestellt. In einer Schleife von 0 bis 9 werden 2 Anweisungen (Aufrufe von Prozeduren) durchgeführt. Es wird nun angenommen, dass ein asynchrones Ereignis (zum Beispiel ein *Hardwareinterrupt*) ausgelöst wird und dieser aufgezeichnet werden soll. Wenn wir nun die Stelle betrachten, wo die 2. Prozedur aufgerufen wird (hier soll der *Interrupt* ausgelöst werden), so sehen wir, dass dies beim *Programmcounter*-Wert 0x8fac auftritt. Falls nur der *Programmcounter*-Wert für die Aufzeichnungen des *Replay Debuggings* mitgeloggt wird, so kann nicht exakt festgestellt werden, ob ein eventueller Fehler beim 1., 2., 3. oder n. Durchlauf der Schleife aufgetreten ist. Die Zeit des Ereignisses selbst ist zu ungenau, um eine Aussage zu treffen, in welcher Schleife der *Interrupt* ausgelöst wurde. Es gibt keine Möglichkeit, festzustellen, in welcher Iteration das Ereignis ausgelöst wurde.

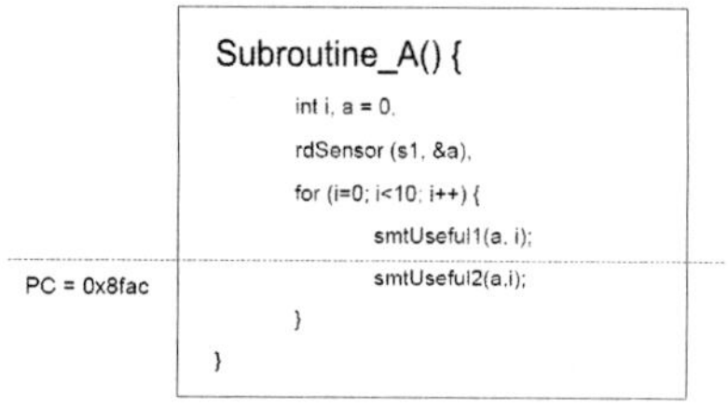

```
                Subroutine_A() {
                    int i, a = 0;
                    rdSensor(s1, &a);
                    for (i=0; i<10; i++) {
                        smtUseful1(a, i);
PC = 0x8fac             smtUseful2(a,i);
                    }
                }
```

Abbildung 3.6: Interrupt innerhalb einer Schleife ([Sun02])

Um das Problem zu lösen, müssen zusätzliche Marker eingeführt werden, die die exakte Lokalisierung des Ereignisses ermöglichen. Die Anzahl der Schleifeniterationen muss mit diesen Markern erkannt werden, genauso auch der Aufruf von Unterprogrammen und rekursive Aufrufe. Der Marker muss so gewählt werden, dass er eindeutig den Zustand des Programms wiedergibt, wo das Event aufgetreten ist.

3.3.5 Verwendung von eindeutigen Markern

Der Instruktionszähler er *CPU* zeigt auf jene Stelle im Programm, die gerade ausgeführt wird. Bei jeder Ausführung einer Instruktion wird dieser Zähler um einen Wert erhöht oder bei Abzweigungs- und Sprungbefehlen entsprechend gesetzt. Daher ist es auch unmöglich, diesen Zähler in Software zu implementieren. Jede

KAPITEL 3. STAND DER FORSCHUNG

Zeile Code würde zusätzliche Zeilen benötigen, um den Zähler richtig zu setzen. Eine Abhilfe bietet die Verwendung eines Software basierenden Instruktionszählers (SIC), wie in [LMC87] darstellten. Um die massive Softwarebelastung, wie oben beschrieben zu vermeiden, ist der SIC nur für jene Bereiche in Verwendung, wo der normale Instruktionszähler versagt. Das heißt: Bei Schleifen und Unterprogrammen wird der SIC bei jedem Durchlauf erhöht. Der SIC ist damit in Kombination mit dem IC des Prozessors ein eindeutiger Marker, wodurch der exakte Ablauf wieder reproduziert werden kann.

In Abbildung 3.7 ist dazu ein Beispiel angeführt. Jedes Rechteck symbolisiert eine Instruktion und die Pfeile die Reihenfolge der Abarbeitung. Offensichtlich ist hier eine Schleife dargestellt, in der 5 Instruktionen hintereinander abgearbeitet werden und anschließend wieder die gleichen Instruktionen durchgeführt werden. Der Instruktionszähler wird bei jeder Operation um eins erhöht, bzw. bei der Sprungbedingung auf den jeweiligen Wert zurückgesetzt. Immer wenn die Sprungbedingung erreicht wird, wird auch der Software Instruktionszähler um einen Wert erhöht. Somit kann exakt reproduziert werden, nach wie vielen Durchläufen der Schleife z.B. der Interrupt aufgetreten ist. In der Abbildung 3.7 ist das Auftreten eines Interrupts mit einem schwarzen Rechteck gekennzeichnet.

Der Software Instruktionszähler benötigt allerdings circa 10 Prozent der gesamten Rechenleistung einer CPU. Weiters wird die Unterstützung von Compiler angefordert, der selbständig den SIC-Counter einfügen sollte, um den Programmierer von dieser Aufgabe fernzuhalten. Für größere Programme ist diese Methode daher nicht geeignet.

3.3.6 Jitter

Neben dem Heisenberg Effekt (siehe Kapitel 2) gibt es bei der Verwendung von Software in Echtzeitsystemen das Problem des *Jitters*, der berücksichtigt werden muss. Das Verhalten des Gesamtsystems kann viel besser abgeschätzt und beurteilt werden, wenn der *Jitter* des Systems, d.h. der *Jitter* der Ereignisse, möglichst gering ist. *Jitter* ist die zufällige zeitliche Abweichung von Ereignissen von unterschiedlichen Teilen des Systems. Die unterschiedlich langen Bearbeitungszeiten des *Kernels* für das *Scheduling* sind ein Beispiel, wo *Jitter* bei Echtzeitsystemen auftritt. Je nach Anzahl der Tasks, der zu synchronisierenden *Sempahoren* oder Events, die anstehen, kann das Umschalten in den *Running Mode* für jeden Task

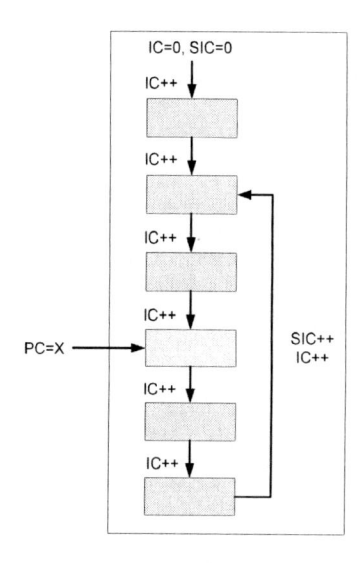

Abbildung 3.7: Increment von Hardware- und Software Instruktionszähler ([Sun02])

KAPITEL 3. STAND DER FORSCHUNG

unterschiedlich lange dauern. Diese zeitlichen Abweichungen sind Teil des *Kernel Jitters*, der bei Echtzeitsystemen berücksichtigt werden muss und niemals Null werden kann.

Falls der *Jitter* des *Kernels* sehr groß ist, so wird auch die Anzahl der Möglichkeiten an Pfaden, die die Abarbeitung einschlagen kann, extrem hoch. Die Analyse und das Testen von Hardware und System werden zu großen Problemen. Software basierende Methoden beeinflussen den *Jitter* negativ. Aus diesem Grund müssen die *Replay* Methoden sicherstellen, dass der *Jitter* durch die Beeinflussung der *Replay* Methode während der *Replay* Abarbeitung möglichst klein gehalten werden, um eine deterministische Reproduktion des Systems gewährleisten zu können.

3.4 Time Machines

Das Systemmodell von Thane, Sundmark und Huselius [HST03], [TS01] geht von einem verteilten System mit einer Anzahl von Knoten aus. Jeder Knoten ist mit ausreichend Rechenleistung bestückt, sowie Speicher, Schnittstellen und Input Output Logik. Die Zeit zwischen den Knoten basiert auf einer definierten Zeitbasis und einem globalen synchronisierten Clock mit einer bekannten Präzision *delta*. Zwischen den Knoten ist die maximale Abweichung kleiner als *delta*. Die Software, die in den verteilten Systemen läuft besteht aus gleichzeitig ablaufenden Tasks und Interruptroutinen. Die Kommunikation innerhalb der Knoten erfolgt über Messages oder über shared memory. Tasks und Interrupts können funktionale oder temporäre Seiteneffekte aufweisen, die durch Unterbrechung, Message Übermittlung oder verteilten Speicher hervorgerufen wurden.

Es wird angenommen, dass jeder Knoten eine Ablaufstrategie implementiert hat, die von einem Interrupt getriebenen Einzelprogramm bis hin zu einem komplexen Programm mit mehren Tasks reichen kann. Weiters wird angenommen, dass Simulatoren und *JTAG Debugger* zur Verfügung stehen. Die *Debugger* können aufgrund zusätzlicher Interfaces kleine *Macros* oder Programme aufrufen, die bei verschiedenen *Breakpoints* verarbeitet werden können.

Der Zeitmaschinenprozess basiert auf 3 Grundelementen:

- Der *Recorder* ist ein Mechanismus, der alle notwendigen Informationen über Task-Switches, Interrupts und Daten sammelt.

KAPITEL 3. STAND DER FORSCHUNG 38

- Der *Historian* analysiert automatisch, ob die Ereignisse und Daten im Recorder korrelieren. Diese werden in einer chronologischen Reihenfolge von *Breakpoints* und *Prädikaten* zusammengefügt.

- Der *Actor* erzeugt einen deterministischen Ablauf im Debugger, in dem Interrupts, Task-Switches und wiederhergestellte Daten wie in der chronologischen Abfolge bestimmt, wiederhergestellt werden.

Der ganze Prozess wird durchgeführt, ohne den bestehenden Source-Code zu ändern. Der gleiche Code, der während der Laufzeit exekutiert wird, wird auch bei der Wiederherstellung wieder ablaufen.

In Abbildung 3.8 ist der Vorgang bei Verwendung von *non-intrusive* Hardware Recorder dargestellt. In diesem Fall ist von der Firma Lauterbach ein Tracetool eingesetzt, welches an den *Historian* alle Ereignisse übermittelt, ohne dass die Software dadurch beeinflusst wird. Das Verhalten des Echtzeitbetriebssystems kann beobachtet werden und auch die Änderungen in den Datenstrukturen über das *dual port memory*. Das gleiche kann für einfachere Programme gemacht werden, indem die *Interrupt*-Ereignisse aufgezeichnet werden und Daten, sofern bekannt ist, wo sich diese im Speicherbereich befinden. Diese Art der Aufzeichnung ist *non-intrusive*, da sie keine CPU-Zyklen oder Speicherbereiche des Zielsystems beeinflusst. Einen großen Nachteil hat diese Methode jedoch: Sie kann nicht einfach in das ausgelieferte Zielsystem integriert werden, da dies zu kostenaufwändig und auch vom Aufbau des Systems nicht möglich wäre, da die Hardware oft sehr passgenau im Zielsystem eingesetzt werden muss. Weiters können diese Systeme schlecht für Multiprozessorsysteme oder verteilte Systeme erweitert werden, da die Kosten und die notwendigen Zusatzaufwände zu hoch sind. Dieser Typ von Aufzeichnung ist daher nur für die Entwicklung in einem Testlabor geeignet.

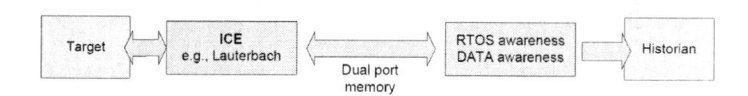

Abbildung 3.8: Monitoring mit dualport memories and in circuit emulators ([TS01])

In Abbildung 3.9 ist ein Software Recorder dargestellt. Das Zielbetriebssystem und die Software sind automatisch konfiguriert, um die Daten für den *Historian* in zyklischen Buffern zu speichern, deren Länge frei programmierbar ist.

KAPITEL 3. STAND DER FORSCHUNG

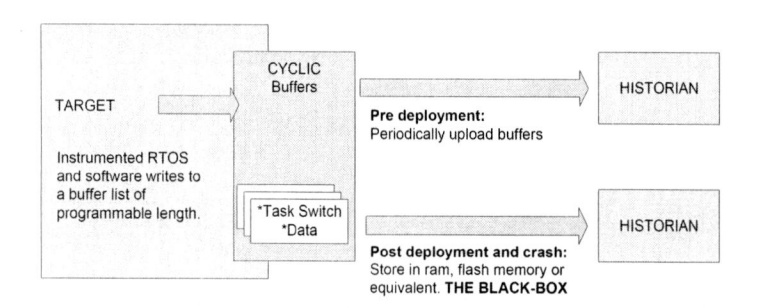

Abbildung 3.9: Monitoring mit instrumentiertem RTOS und Applikations-Software ([TS01])

Dieser Systemtyp beeinflusst den Ablauf des Systems, da CPU-Zeit und Speicher verbraucht wird. Thane verweist hier auf den Determinismus, da die Software während *Debugging* und Testen konstant ist und nicht verändert wird. Aufgrund von Jitter kann dies aber nicht zu 100 Prozent garantiert werden. Mit der Software-Variante werden zusätzliche Probleme in Kauf genommen, die eine nicht vollständige korrekte Analyse zulassen. Zugleich ist das System kostengünstig und könnte auch bei Systemen eingesetzt werden, die ausgeliefert werden. Der zusätzliche Speicherbedarf der durch die Software entsteht beziffert Thane mit einigen kilo Bytes an Programmspeicher für ca. 100 Events. Zusätzlich ist noch der Speicherplatz für die Buffer vorzusehen.

3.5 Debugging für Embedded Systems im Feld

Gerade bei *Embedded Systems*, die ausgeliefert wurden, jedoch während des regulären Betriebes im Feld Fehler aufweisen, muss das *Debugging* so durchgeführt werden, dass die bestehende Umgebung nicht beeinflusst wird. Durch das Debugging könnten Timing oder Speicherinhalte verändert werden, so dass die im Feld befindliche Komponenten falsche Berechnungen und falsche Ausgaben durchführt. David Kleidermacher hat in seiner Arbeit über *Debugging Techniques for Fielded Embedded Systems* diese Problematik untersucht [Kle04].

KAPITEL 3. STAND DER FORSCHUNG   40

3.5.1 Eingeschränkte Beeinflussung

Der Schlüssel für das *Debugging* von *Embedded Systems*, die im Feld eingesetzt sind, ist eine Analysetechnik anzuwenden, die das Verhalten des bestehenden Systems so wenig wie möglich ändert.

```
 1
 2
 3  extern int msg_error;
 4
 5  ReceiveMessage(char *message)
 6  {
 7      if (msg_error)
 8      {
 9          ErrorHandler(message);
10      }
11      else
12      {
13          ProcessMessage(message);
14      }
15  }
```

Listing 3.1: Race Condition Source Code [Kle04]

In obigem Code-Beispiel wird die Zeile 9 während einer normalen, fehlerlosen Operation nie exekutiert. Während der Entwicklungsphase ist es zweckmäßig, die Bedingung in Zeile 7 auszutesten, indem der Software-Entwickler die Variable *msg error* im Rahmen eines *Stopp-Mode-Debugging* auf einen Wert ungleich Null ändert. Nach der nächsten *Single Step* Ausführung wird der Zweig in Zeile 9 abgearbeitet. Wenn die Produkte bereits im Feld sind, ist es sehr gefährlich, auf diese Weise vorzugehen und die Fehler zu suchen. Jeder Schreibzugriff auf den Programmspeicher oder andere Ressourcen des Mikroprozessors wie Register oder RAM kann zu unvorhergesehenem Verhalten führen.

Falls ein *Debug-Agent* in der Software integriert ist, der zum Beispiel in einem eigenen *Task* eines Echtzeitbetriebsystems exekutiert wird, kann man mit *Run-Mode-Debugging* einige Aussagen über das Verhalten der Software gewinnen. Jedoch auch in diesem Fall ist es möglich, dass es zu einer Beeinflussung der laufenden Software kommt. Falls zum Beispiel der *Run-Mode-Debug-Agent* mit einer fixen Priorität im System angemeldet ist, kann ein niedrig priorer Task dadurch *Deadlines* unter Umständen nicht einhalten und somit ist der Ablauf nicht mehr identisch zu dem ursprünglich geplantem Ablauf ohne *Run-Mode-Debug-Agent*. Weiters beinflusst dieser Agent auch die Speichersituation des Systems. Variablen und Messages werden versendet, die zusätzlichen Speicher anfordern und auch zusätzliche Zeit benötigen, bis diese ausgegeben werden. Im Gegensatz

KAPITEL 3. STAND DER FORSCHUNG 41

dazu kann es auch vorkommen, dass genau durch Verwendung des *Debug-Agents* erst die zeitlichen Bedingungen geschaffen werden, damit die Daten korrekt weiterverarbeitet werden. In diesem Fall ist es umgekehrt: Wenn der *Debug-Agent* ausgeschaltet wird, wird das System fehlerhafte Daten liefern. Daher ist es nötig, die Software so gut wie möglich von den *Debug*-Aufgaben zu entlasten. Die bestehenden Lösungen mit Hilfe eines *Trace Ports*, der in Hardware realisiert ist, diese Problematik zu umgehen, ist aber nicht für alle Fälle gut geeignet, da hier eine mangelhafte Flexibilität für das *Debugging* vorhanden ist. Weiters muss auch in diesem Fall die Software - wenn auch in kleinerem Umfang - angepasst werden, damit die Traces durchgeführt werden.

3.5.2 Debug Port Sicherheit

Für alle Anwendungen, bei denen im Feld ein *Softwareupdate* durchgeführt werden kann, beziehungsweise wo *Debugging* im Feld möglich ist, sollten spezielle Vorkehrungen getroffen werden, damit diese sensiblen Änderungen nur von autorisiertem Personal durchgeführt werden können. So sollte es nicht möglich sein, dass ein Techniker einer anderen Firma, der die gleichen Entwicklungswerkzeuge benutzt, eine andere Software auf das System laden kann oder einzelne Daten aus dem System auslesen kann. Zusätzlich kann es notwendig sein, dass verschiedene Techniker unterschiedlich Rechte haben, um die Fehler zu analysieren beziehungsweise neue Software zu installieren. Ein Service-Techniker mit wenigen Kenntnissen über die internen Vorgänge in der Software könnte so zum Beispiel nur die Erlaubnis bekommen, Daten des Systems zu lesen und Parameter zu setzen. Damit kann der Techniker gute Diagnose Daten für eine Offline Analyse sammeln und anschließend auswerten. Die Schreibrechte würde dieser Techniker nicht bekommen. *Debug Port Sicherheit* wird mit einem Mix aus physikalischen, mechanischen (Zutritt nur für spezielle Anwender) und Software Methoden (Firewalls, Zugriff nur von bestimmten IP-Adressen, Passwörter, Smartcards) gewährleistet.

Eine einfache und simple Methode, um die Sicherheit des *Debug Ports* zu gewährleisten ist *passives Debugging* während *Run-Mode-Debugging*. In dieser Betriebsart erlaubt der *Debug-Agent* nur Lesezugriffe. Jedes Kommando, das den Zustand des Systems verändern könnte, wird nicht zugelassen. Das heißt, ein Schreibzugriff auf den Speicher oder das Beenden oder Starten eines Tasks wird unterbunden. Der Benutzer kann alle Zustände der laufenden Tasks auslesen, jedoch nichts manipulieren. Das Betriebssystem muss diese Art des Debugging unterstützen und auch die entsprechenden Sicherheitsmaßnahmen anbieten, damit diese Form des Debugging nicht umgangen werden kann. Für Benutzer mit mehr Rechten können über Passwörter oder Schlüssel entsprechende Berechtigungen erteilt werden, wodurch ein erweitertes Debugging ermöglich wird. Diese ist aber dann nur für die Benutzer möglich, die diese Berechtigungen am System vorweisen können.[Kle04]

3.5.3 Tracepoints und Event Logging

Mit Hilfe von *Tracepoints* können *Debug*-Informationen des Systems rasch an einen *Debug*-PC gesendet werden. Ähnlich wie *Breakpoints* verwenden *Tracepoints* spezielle Instruktionen, die zu einer synchronen Unterbrechung (*trap*) führen. Anders als bei *Breakpoints* wird der Prozessor aber nicht angehalten und die Rechenzeit an den Debugger übergeben. Es wird vielmehr der *Trap Handler* die beigefügte Log-Information in ein Register oder eine Speicherstelle ablegen, die vom Benutzer ausgewählt wurde. Der Task kann nach einer ganz kurzen Unterbrechung wieder weiterlaufen und der Benutzer die Daten analysieren. Der Eingriff in das System ist aber dennoch vorhanden. Auch wenn dieser minimiert wurde, so kann dies weiterhin den Effekt haben, dass die Software - vor allem wenn es um Echtzeitanwendungen geht - fehlerhafte Zustände produziert. Besonders beim Einsatz von Interrupts und hoher Prozessorauslastung ist diese Methode nicht zielführend.

Zwischen *Debugger* und Betriebssystem sollte ein enges Verhältnis bestehen, um die *Tracepoints* optimal einsetzen zu können. Die Ausgabe der Daten erfolgt anschließend über einen Debug-Agent-Task oder kann im Falle von Hardwareunterstützung auf einer weiteren Schnittstelle durchgeführt werden. Nachdem der Benutzer alle *Tracepoints* gesetzt hat, kann er die Aufzeichnung der Daten beginnen und auch über mehrere Stunden die Aufzeichnungen durchführen. Eine eigenständige Analyse der Daten durch die Software selbst ist nicht möglich.

Falls ein *Tracpoint* sehr oft hintereinander aufgerufen wird, so kann es sein, dass die Daten nicht über die Schnittstelle transportiert werden können. In diesem Fall ist eine Begrenzung der möglichen Loggröße vorzusehen, bis zu der die Daten fehlerfrei übertragen werden. Falls das Datenvolumen zu hoch wird, so gehen Trace-Daten verloren. Es muss darauf geachtet werden, dass keine Verzögerungen durch die Traces entstehen. Das heißt, die Echtzeit-Eigenschaften haben Priorität vor der Übertragung aller Daten.

KAPITEL 3. STAND DER FORSCHUNG 43

Ähnlich wie *Tracepoints* können auch *Events* mitprotokolliert werden. Events des Betriebssystems wie *Context Switch, Kernel System Call, Exceptions* werden mitgeloggt und können anschließend offline analysiert werden. Das System selbst wird durch das Logging wenig beeinflusst. Eine minimale Beeinflussung bleibt wie bei den *Tracepoints* bestehen.

3.5.4 Profiling

Eine Eigenschaft von *Embedded Systems* im Feld können neben offensichtlich falschen Zuständen auch unzulängliche Leistung sein. Die Ausführungszeit der Software oder die Speicherauslastung kann zu nicht akzeptierbaren Problemen führen, die durch entsprechende *Debug*-Methoden geklärt werden müssen. Aus diesem Grund ist es sinnvoll, das Systemverhalten zu analysieren und die Knappheit der Ressourcen zu erkennen. Ein Ressource-Analyse Tool, das in Verbindung mit Event Logging verwendet wird, gibt dazu guten Aufschluss, wie das System ausgelastet wird. Damit kann erkannt werden, welche Tasks wie viel Systemzeit und Speicher beanspruchen.

Wenn zum Beispiel ein Treiber für eine Schnittstelle, der nur geringe Auslastung von wenigen Prozent der CPU-Leistung aufweisen sollte, 70 Prozent der *CPU* Zeit benötigt, so kann davon ausgegangen werden, dass hier Programmier- oder Designfehler vorhanden sind. In diesem Fall kann der Entwickler vorzeitig das System neu einstellen oder den Programmcode ändern, so dass die Auslastung verringert wird. Während der Entwicklung wird in der Regel die hohe Auslastung nicht bemerkt. Die Fehler treten erst zu Tage, wenn alle Softwarekomponenten inkludiert sind oder wenn das System im Echttest unter Stressbedingungen getestet wird. Die Probleme sofort zu erkennen, wodurch die Performance Probleme ausgelöst werden, schafft schnellere und effizienteren Umgang mit den Entwicklungsressourcen. *Profiling* ist die Methode, mit der diese Auslastung analysiert werden kann. Es bietet hier eine gute Methode, um Design- oder Programmierfehler rasch zu erkennen und die entsprechenden Gegenmaßnahmen zu setzten.

3.6 Debug- und Tracetools

In diesem Unterkapitel werden *Debug-* und *Tracetools* vorgestellt, die in der Industrie weit verbreitet sind. Es werden das Trace Makro von ARM für *Systems-On-Chip* und die Werkzeuge der Firma Lauterbach besprochen.

3.6.1 ARM ETM

[AL03], [AL01b] , [AL02] [AL01a] [AL04] Bei einem Echtzeit-*Trace* werden alle Instruktionen, die von einem Prozessor abgearbeitet werden, in einem Buffer aufgezeichnet, um später für Analysen herangezogen zu werden. Zusätzlich können auch noch Daten, die bei der Instruktion verwendet werden, aufgezeichnet werden. Typischerweise ist es möglich, dass man auswählen kann, welche Instruktionen und Daten aufgezeichnet werden. Ebenso sind Triggerfunktionen oder die teilweise Aufzeichnung sinnvoll, um nicht zu viele Daten im Speicher abbilden zu müssen.

Traditionelle *Trace*-Verfahren verwendeten einen Logikanalysator, um die Daten vollständig aufzuzeichnen. In Abbildung 3.10 ist dies dargestellt. Der Logikanalysator ist mit dem Adress-Daten-Bus des Prozessors verbunden und kann alle Zugriffe auf den Speicher aufzeichnen. Sowohl Zugriffe auf den Datenspeicher als auch Zugriffe auf den Programmspeicher werden aufgezeichnet. Anschließend wird die aufgezeichnete Sequenz, die vom Prozessor exekutiert wurde, rekonstruiert und analysiert. Assembler und C-Anweisungen können über eine Software, die den Maschinencode analysiert, rekonstruiert werden.

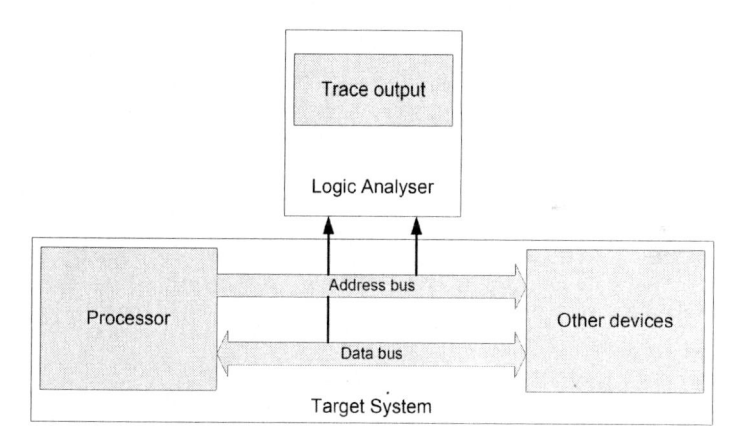

Abbildung 3.10: Traditionelles Debugging ([AL01b])

Mit diesem Ansatz ist jedoch eine Menge an Problemen verbunden:

KAPITEL 3. STAND DER FORSCHUNG 45

- Kosten: Logikanalysatoren sind teure Geräte und können nicht jedem Software-Entwickler zur Verfügung gestellt werden
- Zugriff auf Adress- und Datenbus. In modernen Prozessorsystemen sind oft diese Busse nicht mehr ausgeführt sondern innerhalb eines Chips realisiert. In diesem Fall kann kein Logikanalysator angeschlossen werden
- Komplexe Prozessoren. Moderne Prozessoren verfügen über *Caches, Instruction Pipelines, out-of-order execution*. Nur durch das Mitloggen des Adress-Datenbuses kann keine eindeutige Aussage über die tatsächliche Abarbeitung im Prozessor gegeben werden. Falls Caches aktiviert sind, die *on-Chip* realisiert wurden, ist am Adress-Datenbus keine Änderung sichtbar.

Für *embedded real time traces* bietet ARM eine *embedded trace macrocell (ETM)*, die die Sequenzen der Instruktionen und Datenzugriffe in einem Buffer mitspeichert. Weiters kann das Trace-Macro auch einfache Filtereigenschaften übernehmen, so dass nicht zu viele Daten aufgezeichnet werden. Der *Traceport* ist über eine zusätzliche Schnittstelle mit einem PC verbunden, der die Daten anschließend aufzeichnet und für das *Debugging* zur Verfügung stellt. Die Steuerung der *Trace*-Zelle erfolgt über den *Multi-ICE-Connector*, der über eine weitere Schnittstelle am *Debug*-PC angeschlossen ist.

Der Vorteil dieser Methode liegt darin, dass die Kosten im Gegensatz zur Logikanalysator Variante deutlich geringer sind. Weiters ist durch das *Tracemacro* gewährleistet, dass die Instruktionen auch für komplexe Prozessoren verwendet werden können und der Zugriff des Adress- und Datenbus möglich ist.

Ein Nachteil der Variante ist, dass das System sehr starr ist und für komplexe Trigger und Analysevarianten nicht geeignet ist. Das *Tracemacro* kann nicht an die Bedürfnisse der Entwickler angepasst werden. Es ist nicht möglich, dass man zusätzliche Funktionen wie zum Beispiel das Zeitmessen zwischen Interrupts und komplexe Triggerarten direkt im *Tracemacro* implementiert.

3.6.2 Lauterbach

Die Firma Lauerbach stellt *Debugging-* und *Tracetools* her [Lau03b]. In Abbildung 3.11 ist die Hardware des RISC Trace Moduls dargestellt. Mithilfe dieser Adaptoren und Zusatzhardware ist es möglich, die *Debug*-Informationen des Zielsystems auf einen Host-PC, der für das Debugging vorgesehen ist, zu laden. Das

KAPITEL 3. STAND DER FORSCHUNG 46

Werkzeug kann verwendet werden, um den Programm- und Datenbereich von verschiedenen Mikroprozessoren zu beobachten. Es ist möglich parallel 96 Kanäle aufzuzeichnen und die Buffer haben eine Tiefe von 64 KByte bin hinzu 512 KByte. Die Ereignisse werden mit einer Rate von maximal 40 MHz aufgezeichnet, die Zeit wird in 36 Bit großen Zeitstempel mitgeschrieben.

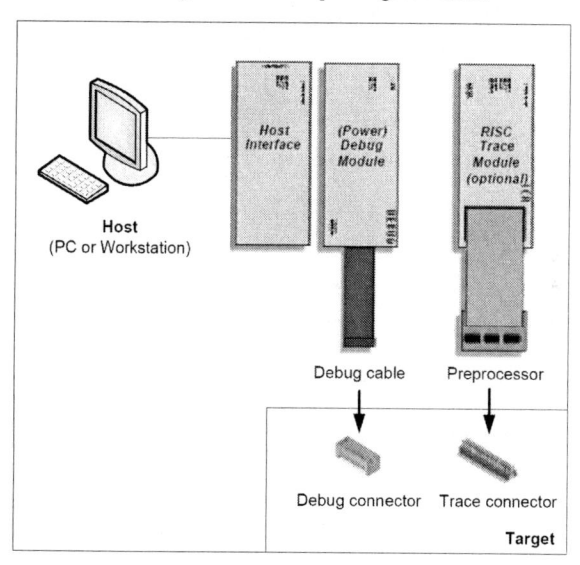

Abbildung 3.11: Hardware Lauterbach DebugTool ([Lau03b])

In Abbildung 3.12 ist das *Debug*-System von Lauterbach dargestellt. Der *Host-Debug-Computer* ist über das *Host-Interface* mit dem Zielsystem verbunden.

Mit dem Power *Debug*-Modul, das über einen speziellen Stecker an das Zielsystem angeschlossen wird, können die üblichen *Debug*-Informationen wie *Breakpoint, Single Step* usw. durchgeführt werden. Über einen separaten Spezial-Stecker, dem *Trace-Connector*, wird das *Trace-Modul* angeschlossen. Im *Preprocessor* Modul werden die Daten vorverarbeitet und über das *RISC Trace Modul* ausgegeben.

Das heißt, dass hier eine ähnliche Funktion, wie die eines Logikanalysators, nachgebildet wurde. Die Kosten für diese *Debug*-Werkzeuge sind daher auch entspre-

KAPITEL 3. STAND DER FORSCHUNG 47

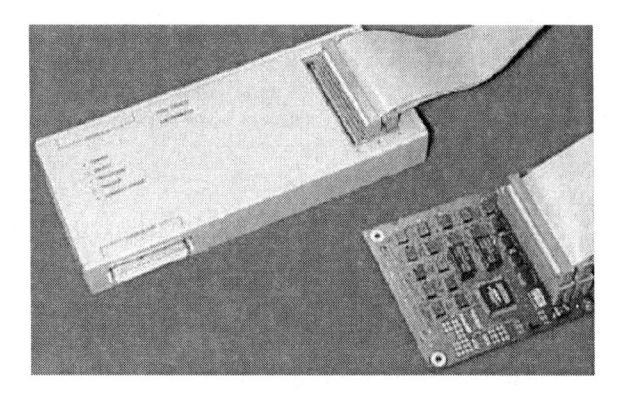

Abbildung 3.12: Debugsystem Lauterbach ([Lau03a])

chend hoch und der Aufwand in der Entwicklung ist ebenfalls nicht unbeträchtlich. Die Stecker und Leitungen müssen auf der Platine nach außen geführt werden. Das ist eine Methode, die bei den Seriengeräten nicht durchgeführt werden kann.

Auch bei dem speziell für das ARM *Tracemacro* zur Verfügung gestellte Werkzeug von Lauterbach ist ein ähnlich hoher Aufwand nötig [Lau03a].

In Abbildung 3.13 ist die Hardware dieses *Debug*-Werkzeuges dargestellt. Es ist auch hier Zusatzhardware nötig, die entsprechend teuer ist und für Systeme im Feld nicht eingesetzt werden kann. Für die Entwicklung bieten diese Tools zwar gute Unterstützung, für komplexe *Debug*-Probleme stoßen sie jedoch an ihre Grenzen.

3.7 Zusammenfassung

In diesem Abschnitt wurden die unterschiedlichen Methoden und Werkzeuge für *Debugging* vorgestellt, die dem derzeitigen Stand der Technik entsprechen. Die besprochenen *Debug*-Werkzeuge unterstützen den Entwickler beim Auffinden von Fehlern und sind für viele Software-Anwendungen ausreichend. Besonderes Augenmerk wurde auf bestehende Methoden zu *on-Chip-Debugging*, *Replay*

KAPITEL 3. STAND DER FORSCHUNG 48

Abbildung 3.13: Debugsystem Lauterbach ([Lau03a])

Debugging und *Debugging* bei *Embedded Systems im Feld* gelegt. Bei der Untersuchung von komplexen *Debug*-Methoden von *Embedded Systems* stößt man bei den bestehenden Werkzeugen bald auf deren Grenze. Bei allen vorgestellten Techniken kann die Echtzeitfähigkeit nicht gewährleistet werden. Manche Methoden reduzieren den Einfluss des Debuggers auf ein sehr geringes Maß, verändern aber auch noch immer das Verhalten des Systems.

4 Problemstellung Embedded Debugging

In diesem Kapitel wird die Problemstellung der Dissertation diskutiert. Basierend auf den Recherchen aus dem vorigen Kapitel werden die noch ungelösten *Debug*-Problematiken besprochen. Die Probleme sind die Beeinflussung der *Debug*-Tools auf die zu untersuchenden Systemn und die damit verbundenen Änderungen im Systemverhalten. Bei *Embedded Systems* ist Hardware und Software sehr eng verknüpft, wodurch reine Software basierende *Debug*-Ansätze keine Lösung bieten können. Weiters sind in Zusammenhang mit Zeitmessungen komplexere Verknüpfungen von Bedingungen notwendig, als dies durch reine Trace-Tools möglich ist. Abschließend werden noch die Probleme von bereits im Feld befindlichen *Embedded Systems* dargelegt. Für diese Systeme muss für das *Debugging* eine Möglichkeit geschaffen werden, dass sich die Software des Systems selbst kontrollieren kann.

Entwickler von Hardware und Software verbringen den Großteil Ihrer Zeit mit dem Auffinden von Fehlern - dem *Debugging*. Die Entwicklungszeit soll durch rasches und zielgerichtetes Erkennen fehlerhafter Zustände minimiert werden. Fehler von ausgelieferten Produkten, die bereits bei Kunden im Einsatz sind, sollen rasch gefunden werden.

Traditionelle Techniken wie *Breakpoints* setzen und im *Single-Step* Modus den Source-Code zu prüfen sind oftmals für *Embedded Systems* nicht anwendbar. Bei Systemen im Feld ist diese Technik gänzlich unmöglich, weil diese Systeme damit ihre eigentliche Aufgabe nicht wahrnehmen können und die Abläufe unterbrochen werden. Wenn man an Anwendungen mit harten Echtzeitbedingungen wie zum Beispiel Telefonswitches von großen Mobil- oder Festnetzbetreibern denkt, an Flugzeugsteuerungen oder Steuerungen für Automobile, so kann leicht nachvollzogen werden, dass ein Ausfall dieser Systeme sogar zu irreversiblen Schäden führen kann.

Eine weitere Methode ist Debugging über *Trace*-Ausgaben im *Run-Mode*. In Abbildung 4.1 ist diese Methode dargestellt. Ein *Host* PC ist über eine *Probe* an das *Target* angeschlossen und kann dort im *Stopp-Mode* Fehler analysieren und Firmwareupdates durchführen. Im *Run-Mode* empfängt der Host Computer auf

KAPITEL 4. PROBLEMSTELLUNG EMBEDDED DEBUGGING

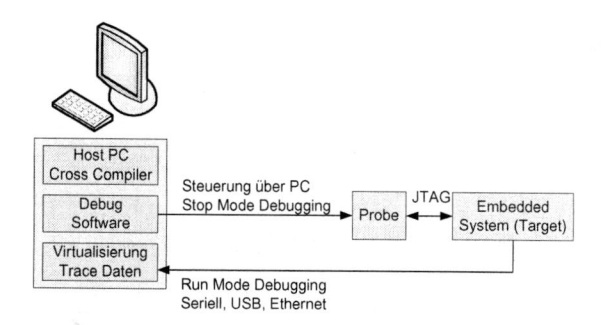

Abbildung 4.1: Aufbau Debugging bei Embedded Systems

einer zusätzlichen Standardschnittstelle (zum Beispiel seriell, USB oder Ethernet) Trace-Informationen vom *Target*. Diese Informationen werden textuell oder grafisch visualisiert. Die Trace-Ausgaben müssen vorher im Code eingetragen werden.

Beim *Debugging* von Betriebssystemen werden Informationen über Taskzustände und systemnahe Komponenten angezeigt. Ein typisches Beispiel für die Visualisierung ist in Abb. 4.2 dargestellt. Hier ist ein Event-Log des Betriebssystems *ucOS* für den Prozessor *AVR* dargestellt, in dem die Auslastung des Systems, Blockaden des Systems, Taskzustände und Stack der einzelnen Tasks angezeigt wird. Somit können die Entwickler in einer sehr frühen Phase erkennen, ob das System zu stark ausgelastet ist. Verbraucht ein Task, der laut Spezifikation wenige Ressourcen benötigen sollte, fast die kompletten CPU-Ressourcen, so ist dies am Beginn der Entwicklung oft noch nicht erkennbar, weil noch wenige Tasks vollständig implementiert sind. Mit diesen Analyse-Tools ist sehr gut erkennbar, wenn Fehler im Software-Design oder der Implementierung aufgetreten sind. Vergleichbar sind diese Tools mit dem Task Manager von Windows, in dem die CPU-Ressourcen pro Task und gesamt dargestellt sind.

Eine komplexere *Run-Mode* Debugging Methode ist in Abbildung 4.3 dargestellt. Über den Host Computer können über spezielle Befehle im Target *Debugging* Aktionen ausgelöst werden, ohne dass das System unterbrochen wird. Die *Debug*-Möglichkeiten des Targets sind durch spezielle Tasks oder durch direkt im *Kernel* implementierte Software realisiert. Die *Debug*-Informationen werden über die Probe zum Host-Computer gesendet. Dort werden diese Informationen visuali-

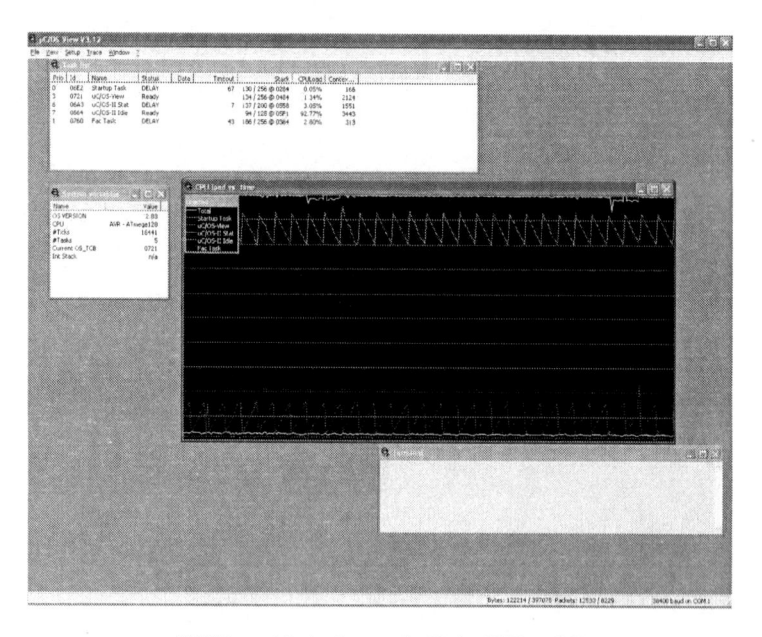

# KAPITEL 4. PROBLEMSTELLUNG EMBEDDED DEBUGGING 51

Abbildung 4.2: Auslastung der Tasks (AVR, ucOS)

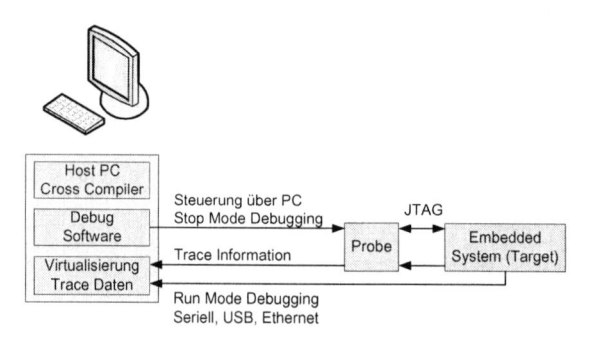

Abbildung 4.3: Debugging über Trace-Ausgaben

siert. Mittels *Tracepoints* können Debugausgaben vom Target an den Host Computer rasch übertragen werden. Ein *Tracepoint* ist ein spezieller *Breakpoint*, der eine Ausnahmeverarbeitung (*trap* der CPU) nach sich zieht. Dieser unterbricht das aktuelle Programm und die Ausnahmeverarbeitung wird durchgeführt - die *Trace*-Informationen werden in einem Buffer zwischengespeichert, um zu einem späteren Zeitpunkt vom Debugger ausgelesen zu werden oder automatisch über eine zweite Schnittstelle direkt an das *Debug*-Programm gesendet zu werden. Anschließend wird das Programm an der unterbrochenen Stelle weiter abgearbeitet. Mit *Tracepoints* können Variablen, Speicherstellen und Informationen über die Programmzeile an das *Debug*-System des Host-Computers übertragen werden. Diese Methode stellt eine sehr schnelle Variante des *Run-Mode* Debugging dar.

4.1 Probleme bei traditionellen Debug-Methoden

Bei *Stopp-Mode* Debugging werden die Systeme angehalten und daher die zeitlichen Anforderungen verletzt. Auch bei *Run-Mode*-Debug Techniken besteht das Problem, dass die Debug- und Trace-Aktionen das Zeitverhalten des Systems beeinflusst. Stack und Speicher des Systems werden zusätzlich belastet. Vor allem die zeitlichen Veränderungen können dazu führen, dass durch die zusätzlichen *Debug*-Ausgaben ein Fehler nicht mehr auftritt oder ein Fehler nur wegen des *Debuggings* auftritt, der sonst nicht aufgetreten wäre. Beide Fälle führen dazu, dass die Entwickler in falschen Bereichen in der Software und der Hardware versuchen, die Fehler zu lokalisieren. Das *Debug*-System wird erst zu einem späteren Zeitpunkt in Frage gestellt, da meistens die Fehler tatsächlich im Source-Code oder in falscher Hardwarebeschaltung zu finden sind. Die Fehler, die durch die *Debug*- und *Trace-Ausgaben* verursacht werden, gehören daher zu jenen Fehlern, die am schwierigsten und nur mit hohem Zeiteinsatz zu finden sind.

Eine Lösung dieses Problems wird in der Forschung und von Herstellern von *Debug*-Software und *Debug*-Tools derzeit nur teilweise angeboten. Die bestehenden Methoden, um die Fehlerquelle durch den Einfluss von *Debug*-Systemen so gering wie möglich zu halten, wurden in Kapitel 3 beschrieben.

Alle dort vorgestellten Lösungsansätze sind jedoch nur eine Verbesserung des ursprünglichen Problems und bringen keine grundsätzliche Lösung. Die Gefahren, die durch die Beeinflussung durch Zeit und Speicher existieren, sind nach wie vor vorhanden. Sie konnten lediglich verringert werden. Für einige Systeme sind die vorhandenen *Debug*-Techniken auch ausreichend und zuverlässig genug. Es

KAPITEL 4. PROBLEMSTELLUNG EMBEDDED DEBUGGING 53

gibt jedoch noch eine Reihe von *Debug*-Aufgaben, bei denen die Beeinflussungen des Systems nach wie vor auftreten und große Probleme hervorrufen können. Eine Lösung des Problems sollte so aussehen, dass komplexe *Debug*-Aufgaben durchgeführt werden und eine Beeinflussung der Laufzeit und des Speichers der Software völlig ausgeschlossen werden können.

4.2 Debugging und Tracing in der Entwicklung

Für die Unterstützung der Entwickler von *Embedded Systems* gibt es derzeit keine Möglichkeit mit den bestehenden Methoden und Tools komplexe *Debug*-Aufgaben zu lösen. In Verbindung mit zeitkritischen Anwendungen sind zum Beispiel die Überschreitung von Zeitgrenzen bei Interrupts und Events schwer zu finden. Die Problematik liegt in dem komplexen Zusammenspiel von Hardware und Software. Wird ein *Trace Macro* zur Analyse eingesetzt, so ist die Informationsflut sehr hoch und es werden nicht alle Informationen, die durch die Hardware verursacht sind, verarbeitet. Wird das *Debugging* mit Software-Konzepten durchgeführt, so fehlen die Informationen der Hardware über den tatsächlichen Beginn von Interrupts und Events.

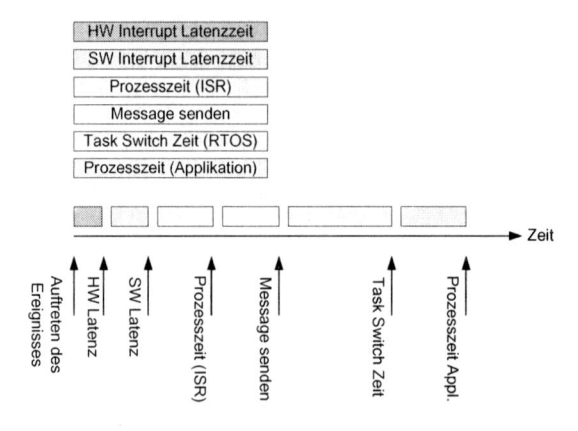

Abbildung 4.4: Latenzzeiten bei Interrupts [Lan03c]

KAPITEL 4. PROBLEMSTELLUNG EMBEDDED DEBUGGING 54

In Abbildung 4.4 sind die Latenzzeiten dargestellt, die bis zur Auslösung eines Interrupts auftreten [Lan03c]:

- Hardware Latenzzeit (z.b. Sichern des Programcounters),
- Software Latenzzeit (z.b. Sichern der Register),
- Prozesszeit für die Abarbeitung der *Interruptserviceroutine*,
- Task Switch Zeit bei Verwendung von Betriebssystemen,
- Zeit für Übergeben von *Messages*,
- Prozesszeit für die Abarbeitung der Applikation, die auf das Ereignis reagiert.

Alle diese Zeiten sind nicht konstant und hängen von unterschiedlichen Faktoren ab, die nachfolgend besprochen werden.

4.2.1 Hardware Latenzzeit

Die Hardware Latenzzeit ist prozessorabhängig. Sie besteht aus einer minimalen Zeit für das Sichern des Programmcouters. Bei 16- und 32-bit Prozessoren kommen zusätzliche Zeiten hinzu, falls sich der Programmcounter, Stackpointer oder die *Interrupt*-Vektoren auf ungeraden Adressen befinden [RT03e]. Die Hardware Latenzzeit weist einen zusätzlichen *Jitter* auf, wenn *Interrupts* deaktiviert sind, höher priore Interrupts gerade ausgeführt werden oder wenn gerade exekutierte Befehle nicht unterbrochen werden können. Einige Prozessortypen - wie zum Beispiel der C167 von Infineon - [IT03] können lange Befehle unterbrechen. Der Divisionsbefehl ist typerscherweise ein Befehl, der viele Zyklen benötigt. Durch die Unterbrechbarkeit von Befehlen mit vielen Zyklen wird der *Jitter* minimiert. Andere Prozessoren, wie zum Beispiel der M16C von Renesas, können diese Befehle nicht unterbrechen und haben daher einen zusätzlichen Jitter bis zu 30 Zyklen [RT03e].

KAPITEL 4. PROBLEMSTELLUNG EMBEDDED DEBUGGING

4.2.2 Software und Interruptprozess Latenzzeit

Neben der Hardware Latenzzeit ist die Software Latenzzeit zu berücksichtigen. Der Prozessor befindet sich bereits im *Interrupt* Modus. Es müssen die im Interrupt verwendeten Register gesichert werden, um eine Beeinflussung des Hauptprogramms oder unterbrochener Interrupts zu vermeiden. Die Sicherung kann auf mehrere Arten durchgeführt werden. Entweder werden die Register durch den Befehl *PUSH* auf den Stack gelegt oder es wird ein *Registerbank-Switching* durchgeführt. Beim *Registerbank-Switching* sind im Prozessor mehrere Registerbänke vorhanden. Beim Aufrufen des Interrupts werden die Registerbänke gewechselt. Dadurch werden im Interrupt andere Register als im Hauptprogramm verwendet. Bei verschachtelten Interrupts muss überprüft werden, ob der Prozessor genügend Registerbänke zur Verfügung hat. Sonst muss in diesem Fall ebenfalls auf die Befehle *PUSH* und *POP* zurückgegriffen werden. Bei der Softwareentwicklung in einer höheren Programmiersprache wird dies durch den Compiler durchgeführt. Daher ist es bei Optimierungen der Interruptlatenzzeit notwendig, die Ausführungen des Compilers zu beobachten und gegebenenfalls Optimierungen in Assembler durchzuführen.

In der Interruptserviceroutine werden mehrere Befehle abgearbeitet, bis tatsächlich auf den *Event* reagiert wird. Typischerweise werden Entscheidungen wie *if* *und else* verwendet, um im Interrupt auf verschiedene Anwendungsfälle reagieren zu können.

4.2.3 Betriebssystemabhängige Latenzzeiten

Bei der Verwendung von Betriebssystemen treten zusätzliche Latenzzeiten auf, bis die Abarbeitung des *Events* begonnen wird. Ein oder mehrere *Tasks* werden durch das Setzen von *Signals* oder dem Senden von *Messages* gestartet. Das Betriebssystem führt daraufhin einen *Taskswitch* durch. Die *Taskswitchzeit* kann durch Deaktivierung des *Schedulers*, zum Beispiel weil ein Task eine *Critical Section* betreten hat, verzögert werden. Dies führt zu einem Jitter, der nicht deterministisch ist.

Alle diese Latenzzeiten treten auch wieder beim Verlassen des Interrupts auf. Es muss die Zeit für das Rücksichern der Register und das Weiterführen der Software im Hauptprogramm berücksichtigt werden. Das gleiche gilt bei Verwendung von Betriebssystemen für das Wechseln der Tasks.

4.3 Debugging und Tracing im Feld

Bei *Debugging* und *Tracing* von *Embedded Systems* im Feld sind folgende Bedingungen wesentlich:

- Das Verhalten des Systems darf durch das *Debuggen* nicht verändert werden.
- Die Informationsbandbreite ist begrenzt, es können nur geringe Datenmengen an ein Remote-System übertragen werden.

Aus diesen Vorbedingungen resultiert, dass für ein *Debuggen* von bereits ausgelieferter *embedded* Software eine Vorverarbeitung der Daten im Feld sinnvoll ist. Wenn die Produkte in ihrer Einsatzumgebung ohne Aufsicht des Entwicklers in Betrieb sind, müssen geeignete Methoden gefunden werden, um nur die wesentlichen Informationen für das Auffinden von Fehler aufzuzeichnen.

4.3.1 Informationsfilterung und Vorverarbeitung

Alle Zustände und Zustandsänderungen selbst über einen kurzen Zeitraum aufzuzeichnen, würde die Speicher- und Rechnerkapazitäten innerhalb kürzester Zeit übersteigen. Benötigt werden *Tools*, die die Informationen filtern und eine intelligente Vorverarbeitung durchführen. Bedingungen wie Zeitüberschreitungen für bestimmte Softwarebereiche, das Überprüfen von maximalen und minimalen Zeiten für die tatsächliche *Interrupt*-Auslösung, sind mit dem derzeitigen Stand der Technik nicht durchführbar.

4.3.2 Einschränkung der Fehlerquellen

Software

Da die Fehlerquellen im Vorhinein noch nicht bekannt sind, müssen die Entwickler potenziell gefährdete Bereiche für das spätere Auffinden der Fehler vorbereiten. Es werden in der Software Programmteile für die Überwachung der Hauptsoftware eingearbeitet. Falls ein Problem auftritt oder ein fehlerhaftes Verhalten erkannt wird, kann über diese Schnittstelle das Problem analysiert und behoben werden. Treten jedoch Fehler auf, die nicht durch die *Debug*-Softwareteile bereits vorbereitet wurden, so können die Fehler nicht gefunden werden.

Hardware

In der Hardware werden falsche Zustände meist durch zusätzliche Hardwareschaltungen kompensiert. So ist z.B. bei Ampelsteuerung gesetzlich verpflichtend vorgesehen, dass das Umschalten zur Phase Grün in alle Richtungen durch spezielle Hardwaremaßnahmen verhindert wird. Dadurch werden Auswirkungen, wo Menschen gefährdet sind oder großer Schaden verursacht werden kann, verhindert. Diese Art der Maßnahme behebt nur die Wirkung und nicht die Ursache des Fehlverhaltens. Weiters ist der Aufwand, um diese zusätzlichen zum Teil redundanten Hardwarekomponenten einzubauen sehr hoch.

Für die Entwicklungsingenieure sind 3 Dinge wichtig: Es soll erkannt werden,

- dass Fehler aufgetreten sind,
- warum die Fehler aufgetreten sind und
- wie die Fehler behoben werden können.

4.4 Zusammenfassung

Für *Tracing* und *Debugging* bei *Embedded Systems* sind viele Probleme noch nicht gelöst. Durch die enge Verschränkung von Hardware und Software bei *Embedded Systems*, müssen für das *Debugging* Methoden gefunden werden, um die notwendigen Informationen bereits in Hardware entsprechend aufzubereiten. Dafür gibt es bisher noch keine geeigneten *Debug*-Methoden. Einerseits darf das Ausgangssystem nicht verändert werden - weder bezogen auf Speicher noch auf Timing -, andererseits müssen auch einige komplexe Verknüpfungen von Ereignissen (z.b. Zeitüberschreitungen) detektiert werden. Für Systeme, die bereits im Feld sind, sollte ein Möglichkeit geschaffen werden, dass sich diese Systeme selbst überwachen und kritische Fehlerzustände erkennen beziehungsweise verhindern.

5 Systemmodell Embedded Debug Tool

In diesem Kapitel werden Konzept und Systemmodell für das *Embedded Debug Tool* vorgestellt. Es handelt sich dabei um ein *Debug*-Werkzeug, das speziell bei *Embedded Systems* und *Systems-On-Chips* eingesetzt werden kann. Für die Realisierung werden *FPGAs* eingesetzt, auf denen neben Mikroprozessor, Bussystem und Peripherie auch ein *Debug-Interface* inkludiert wird. Dieses *Debug*-Interface kann parallel zu vorhandener *FPGA*-Implementierung integriert werden und garantiert, dass keine Beeinflussung des Zielsystems erfolgt. Die zeitkritischen *Debug*-Aufgaben sind zur Gänze in einer zusätzlichen Hardwareeinheit untergebracht. Damit wird verhindert, dass die Software für *Debug*-Zwecke speziell angepasst werden muss und weiters, dass der *Debug*-Vorgang das Ausgangssystem nicht beeinflusst. Durch das vorgestellte Konzept sind sowohl zeitliche als auch speicherbezogene Auswirkungen ausgeschlossen. Es kann zu keiner wechselseitigen Beeinflussung zwischen *Debug*-Einheit und überwachender Software kommen. Durch die intelligente Logik im *Embedded Debug Interface* können komplexe Fehler rasch gefunden werden. Die Probleme von bestehenden *Debug*-Methoden werden durch das nachfolgend besprochene Systemkonzept gelöst. Die *Debug*- und Analyse Möglichkeiten durch das vorgestellte *Debug Tool* werden ebenfalls in diesem Kapitel vorgestellt.

In Abbildung 5.1 ist eine Übersichtsgrafik des Gesamtsystems aufgezeichnet. Im *FPGA* des *Systems-on-Chip* befindet sich die Recheneinheit, Peripherals und Speicher. Der Daten- und Programmspeicher kann optional auch außerhalb des *FPGAs* implementiert sein. Das *Debug-Interface* überprüft mit mehreren Leitungen alle Aktivitäten und Zustände der *CPU*. Die Überwachung findet statt, ohne dass das Ausgangssystem beeinflusst wird. Da die Überwachungseinheit außerhalb des Prozessors und der Software, jedoch innerhalb des *FPGAs* implementiert ist, werden Stack, Speicherbereiche und die zeitlichen Abläufe nicht beeinflusst. Gleichzeitig können alle Signale und Zustände aufgezeichnet und über die Logik des *Debug-Interface* ausgewertet werden. Die einzige Einschränkung für die Komplexität des *Debug-Interface* ist die Anzahl der zusätzliche Gatter am FPGA, die dafür benötigt werden. Durch einen generischen Ansatz ist die Implementierung des *Debug-Interface* in verschiedene *CPUs* einfach möglich. Das

# KAPITEL 5. SYSTEMMODELL EMBEDDED DEBUG TOOL

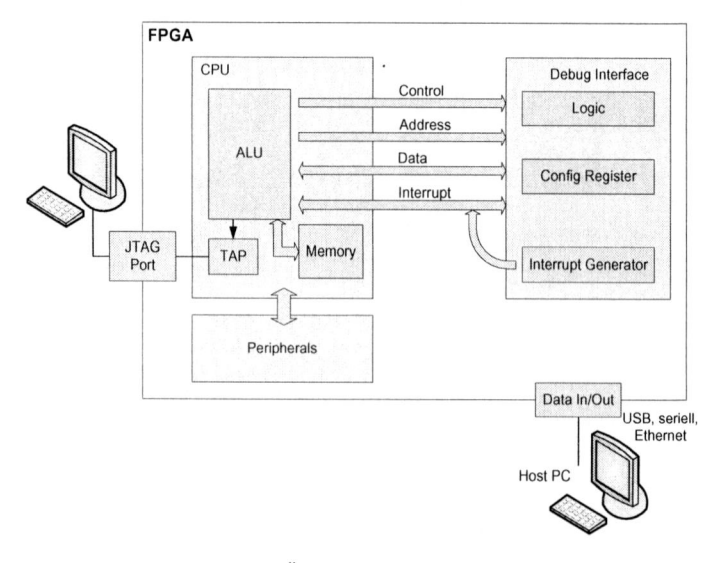

Abbildung 5.1: Übersichtsgrafik Embedded Debug Tool

Debug-Interface ist über eine Schnittstelle zu einem PC verbunden, der durch eine *Debug*-Software die Benutzerinteraktion realisiert.

5.1 Konfigurierbares Embedded Debug Interface

Das konfigurierbare *Embedded Debug Interface* dient zur Lösung der *Debug*-Problemstellungen für *Embedded Systems*, die bereits im Feld sind bzw. für *Embedded Systems*, die bezüglich Timing oder Speicheraufteilung als sehr kritisch zu beurteilen sind und deren Funktion und Ablauf während der Entwicklung durch *Debug*-Effekte nicht gestört werden sollte. In Abbildung 5.2 ist ein Überblick über den Aufbau des *Debug*-Interfaces gezeigt. Das *Debug-Interface* ist direkt im *FPGA* implementiert.

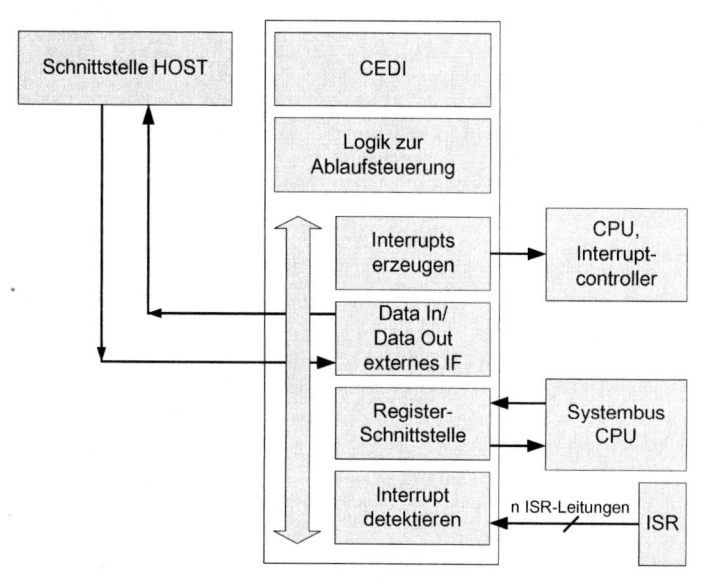

Abbildung 5.2: Systemübersicht Konfigurierbares Embedded Debug Interface

Das Debug Interface kann entweder über die Firmware, die am *Embedded System* ausgeführt wird oder über einen Host-Computer gesteuert werden. Auf der lin-

KAPITEL 5. SYSTEMMODELL EMBEDDED DEBUG TOOL

ken Seite von Abb. 5.2 ist die Schnittstelle zum Host-Rechner gezeichnet. Damit können die Parametrierung und das Auslesen der *Debug*-Informationen über Befehle durchgeführt werden. Diese Schnittstelle kann physikalisch auf unterschiedliche Arten realisiert werden und wird durch das Systemmodell nicht vorgegeben. Gängige Schnittstellen, zum Austausch der bidirektionalen Daten sind die *serielle Schnittstelle*, *USB- Universal Serial Bus* oder *Ethernet*. Zu beachten ist, dass die Schnittstelle ausreichend hohen Datendurchsatz vorweisen soll, falls viele *Debug*-Informationen über diese Schnittstelle gesendet werden. In den Beispielen in Kapitel 7 und 8 ist jeweils für die Testzwecke die *serielle Schnittstelle* realisiert, wobei ein *Layer2*-Protokoll für die gesicherte Übertragung der Daten verwendet wurde.

Im rechten Teil von Abbildung 5.2 ist die Anbindung des *Embedded Debug Interfaces* an den CPU Kern skizziert. Über den Adress-Daten-Bus können alle Befehle, die der Prozessor verarbeitet, beobachtet werden. Diese Informationen sind wichtige Ausgangsbasis für die Funktionalität des *Embedded Debug Interfaces*. Weiters ist es über diese Schnittstelle auch möglich, Parameter des *Embedded Debug Interfaces* zu verändern. Das heißt, es können alle Parameter sowohl über die Host-Schnittstelle verändert werden als auch über den Adress-Daten-Bus umkonfiguriert werden. Dadurch kann eine Firmware, die auf der CPU abläuft, ihre eigenen *Debug*-Konfigurationen selbst einstellen. Dies ist vor allem dann eine wichtige und notwendige Funktion, wenn das Debugging für *Embedded Systems im Feld* angewendet wird. Falls die Produkte bereits im Feld sind, kann über Firmwareupdates - oder auch nur Parameterupdates - die Möglichkeit geschaffen werden, dass spezielle Fehler über das *Debug-Interface* erkannt werden.

Weiters gibt es eine Verbindung zum *Interrupt-Controller* der *CPU*. Falls ein schwerwiegender Fehler der Software oder Hardware vom *Debug-Interface* erkannt wurde oder falls spezielle Fehlerfälle aufgetreten sind, durch die eine Programmunterbrechung notwendig ist, kann über die Interrupt-Schnittstelle des Interrupt-Controllers eine Unterbrechung ausgelöst werden. Die Firmware kann somit auf die Fehler unmittelbar reagieren und eine entsprechende Ausnahmeverarbeitung durchführen. Durch diese Methode wird erreicht, dass Systeme, die im Feld sind, überwacht werden können, ohne dass eine Software das zeitliche Verhalten oder das Speicherverhalten verändert.

In mittleren Teil der Abbildung 5.2 sind die einzelnen Komponenten des *Debug-Interfaces* im Überblick dargestellt:

- Steuerlogik für den Ablauf,

KAPITEL 5. SYSTEMMODELL EMBEDDED DEBUG TOOL

- Interrupt Logik,
- Data In / Data Out Modul,
- Registerschnittstelle.

5.1.1 Steuerlogik

In der Steuerlogik sind die Abläufe und Funktionen des *Debug Interfaces* beinhaltet. Es können folgende Ereignisse und Zustände überwacht werden:

- P - Program Counter Überwachung
- M - Memory Überwachung
- I - Interrupt Überwachung
- S - Special Function Register Überwachung

Die Steuerlogik besteht aus *Observation Fields* und *Match Data*. Die *Observation Fields* dienen zur Überwachung der aktuellen Ereignisse und Zustände. Falls z.B. der Program Counter auf einen bestimmten Wert zur Überwachung konfiguriert wurde, so wird das Feld *Match Data* mit dem erkannten Ereignis und dem dazugehörigem *Timestamp* abgespeichert. Das *Debug Interface* kann aus mehreren M, P, I, S Überwachungsfeldern bestehen. Je nach Platzmöglichkeiten am *FPGA* und Komplexität der Anwendung können mehrere Instanzen der Überwachungsfelder implementiert werden.

Program Counter Überwachung

Für die Überwachung aller Zustände und Ereignisse wird parallel ein Timer mitgeführt, der den zeitlichen Verlauf zwischen den unterschiedlichen Ereignissen und Zuständen aufzeichnet und für die Auswertung im Nachhinein bzw. für die Fehlererkennung verwendet wird. Durch das Überwachen des *Programcounters* wird sichergestellt, dass der aktuell abgearbeitete Befehl erkannt wird. Somit kann das *Debug Interface* zu jedem Zeitpunkt den Programmablauf und die jeweilige Stelle im Programm Code rekonstruieren. Falls bestimmte Funktionen oder Programmteile überwacht werden, so muss lediglich die Anfangsadresse der Funktion bekannt sein, um die Überwachung durchführen zu können. Da vom Programmspeicher normaler Weise nur gelesen wird, werden nur die Lese-Zugriffe

KAPITEL 5. SYSTEMMODELL EMBEDDED DEBUG TOOL 63

auf den Programmspeicher zur Verarbeitung genützt. Beispiele, wo auch auf den Programmspeicher geschrieben wird, sind Download von neuen Programmen oder selbst modifizierender Code, wodurch eigene Softwareteile überschrieben werden. Diese Fälle werden durch das *Debug-Interface* nicht berücksichtigt und sind auch nicht im Konzept vorgesehen, da sie für das *Debugging* nicht relevant sind.

Memory Überwachung

Bei der Memory Überwachung werden die RAM-Speicherstellen des Prozessors überwacht. Damit können Speichergrenzen und Inhalte von Speicherzellen überwacht werden. Der gesamte Speicherbereich des Prozessors - *Stack* und *Heap* werden durch diese Überwachungseinheit beobachtet. Bei Harvard Architekturen sind Programmspeicher und Datenspeicher immer getrennt. Daher kann das *Embedded Debug Interface* bei diesen Prozessoren Programm- und Datenspeicher separat überwachen. Bei den Beispielen (siehe Kapitel 7 und 8) werden Implementierungen des *Debug-Interfaces* bei Prozessoren mit *Harvard* als auch mit *von Neumann* Architektur vorgestellt.

Interrupt Überwachung

Die Interrupt Einheit gewährleistet das Erkennen und die Überwachung von Interrupts. Interrupts treten asynchron zum Programmablauf auf und führen bei *Debugging* von *Embedded Software* häufig zu schwer auffindbaren Fehlern. Beim Auslösen von Interrupts oder beim Überschreiten der Grenzen von Interruptlatenzzeiten können unerwartete Zustände auftreten. Das *Debug Interface* ist so aufgebaut, dass die Anforderungen der Interrupts genau festgestellt werden und auch geprüft werden kann, wie hoch die Latenzzeit zwischen Auslösung und Verarbeitung des Interrupts ist. Es können alle oder nur einige Interrupts für die Überwachung ausgewählt werden. Sobald ein Interrupt durch die Hardware angefordert wird, wird in der Steuerlogik ein *Interrupt Match* Feld angelegt und der jeweilige *Interrupt* protokolliert. Die Interrupt Überwachung erfolgt anschließend in Kombination mit einer Programm Counter Überwachung. Der tatsächliche Start des Interruptprogramms wird durch den Programmcounter erkannt. Durch Vergleich der beiden Werte kann die Interruptlatenzzeit exakt berechnet werden. Damit wird eine exakte Aussage über die Gültigkeit oder Verletzung von Echtzeitbedingung gemacht.

Special Function Register Überwachung

Die speziellen Funktionsregister sind ebenfalls als eigene Überwachungseinheit vorgesehen. Viele Prozessoren sind so aufgebaut, dass an bestimmten Speicherstellen die speziellen Funktionsregister abgelegt sind. Über die speziellen Funktionsregister kann der Zustand des Prozessors genau wiedergegeben werden. Im Statusregister wird zum Beispiel neben den Bits, die bei Operationen verändert werden, auch das globale *Interrupt-Enable-Flag* gespeichert. Die Peripherie wird über das Setzen und Löschen der Bits in den *Special Function Register* gesteuert.

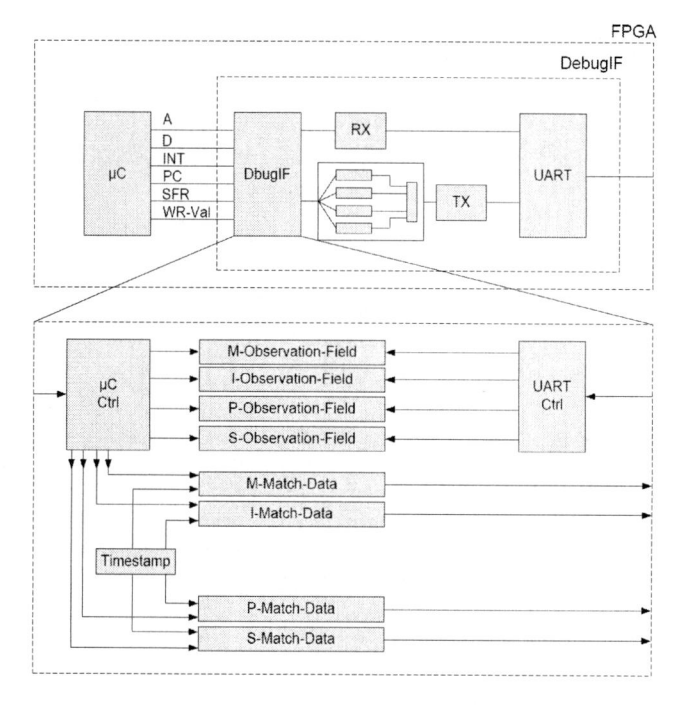

Abbildung 5.3: Schematischer Aufbau Steuerlogik

Während des Programmablaufes werden alle Zustände und Ereignisse (*P, M, I,*

KAPITEL 5. SYSTEMMODELL EMBEDDED DEBUG TOOL 65

S) überwacht, indem die entsprechenden *Observation Fields* mit den aktuellen Werten verglichen werden. So wird überprüft, ob der aktuelle *Programmcounter* mit dem zu beobachtendem *Programmcounter*-Wert übereinstimmt, oder ob die aktuelle Speicheradresse für den RAM Bereich mit dem zu überwachenden übereinstimmt. Falls eine Übereinstimmung erkannt wurde, wird ein *Match* generiert und die Daten werden mit einem *Timestamp* vom *Debug Interface* abgespeichert. Ein Valid-Signal wird erzeugt und die Daten werden in die FIFO übertragen, wo sie später vom PC oder durch die Software, die am Chip ausgeführt wird, über die Registerschnittstelle gelesen werden können.

5.1.2 Registerschnittstelle

Über die Registerschnittstelle können alle Parameter des *Debug Interfaces* verändert werden bzw. die Zustände des *Debug Interface* ausgelesen werden. Die Registerschnittstelle erlaubt den Zugriff auf das *Debug Interface* während des Betriebes. Es ist möglich, über die PC-Schnittstelle oder über die Firmware des gerade abgearbeiteten Programmes die Register auszulesen. Folgende Register stehen dem *Debug-Interface* für einfache Speicherüberprüfungen zur Verfügung:

- Set ID (M, I, P, S),
- Adresse,
- Wert Min,
- Wert Max,
- Index Eintrag.

Mit dem Register *SET ID* wird ausgewählt, welcher Typ überwacht werden sollte - die Möglichkeiten sind Memory(M), Interrupt (I), Programmspeicher(P), Spezielle Funktionsregister(S). Anschließend wird die Adresse eingestellt, die durch das *Debug Interface* überwacht werden sollte. Die Adresse ist je nach verwendeten Prozessor zwischen 16- und 32 Bit lang. Mit den beiden Registerwerten *Wert Min* und *Wert Max* wird der Wertebereich festgelegt, bei denen das *Debug Interface* einen Eintrag machen soll bzw. einen Interrupt auslösen sollte. Erkennt das *Debug Interface*, dass von der konfigurierten Adresse ein Wert gelesen oder darauf geschrieben wurde, der sich innerhalb der eingestellten Minimal- und Maximalwerte befindet, so wird ein *Debug Match* ausgelöst und ein Eintrag mit *Timestamp* wird vorgenommen. Mit dem Register *Index Eintrag* wird die Position festgelegt, an welcher der Eintrag abgespeichert wird. Das *Debug Interface* kann für eine beliebige Anzahl an Einträgen konfiguriert werden. Die Anzahl der Eintragungen ist nur durch die begrenzte Gatteranzahl eingeschränkt. Die Einträge müssen vom Benutzer verwaltet werden und werden nicht automatisch im *Debug Interface* angelegt. Damit können auch Einträge gezielt gelöscht werden. Der Zustand des *Debug Interface* ist immer nachvollziehbar.

5.1.3 Interruptlogik

Mit Hilfe der Interruptlogik des *Embedded Debug Tools* ist es möglich, dass Interrupts durch das *Debug Interface* auf der zu überwachenden CPU ausgelöst werden. Dies ist dann besonders nützlich, wenn das *Debugging* im *Selfdebugging Mode* durchgeführt wird. In diesem Modus kann die Firmware eigenständige Überwachungen durchführen und bei Überschreiten von vorher festgelegten Grenzen, durch eine Ausnahmeverarbeitung alternative Lösungswege durchführen. Prinzipiell ist es denkbar, dass alle Ereignisse, die vom *Embedded Debug Tool* beobachtet werden, auch Interrupts erzeugen. Da jedoch die Komplexität mit jedem zusätzlichen Eintrag steigt und damit auch die Chipfläche des *FPGAs* entsprechend wächst, wurden nur ausgewählte und besonders wichtige Funktionalitäten für die Generierung von Interrupts vorgesehen.

Folgende Überwachungsmodule wurden für die Interrupterzeugung ausgewählt:

- Latenzzeit Interrupt Service Routine,
- Latenzzeit Task,
- Stacküberwachung.

Latenzzeit Interrupt Service Routine

Mit dem Eintrag *Latenzzeit Interrupt Service Routine* wird die maximale Latenzzeit eingestellt, wie lange ein beliebiger Interrupt zwischen Anforderung und tatsächlicher Bearbeitung dauern darf. Falls diese Zeitspanne überschritten wird, wird durch das *Debug Interface* ein Interrupt erzeugt, der hinweist, dass diese Zeitspanne überschritten wurde. Zur Konfiguration dieses Interrupts ist es nötig, die Latenzzeit, den zu beobachtenden Interrupt und die Startadresse der *Interruptserviceroutine* einzugeben. Dies wird bei der Konfiguration der Software einmal

KAPITEL 5. SYSTEMMODELL EMBEDDED DEBUG TOOL 67

zu Beginn eingestellt, kann aber auch während dem Ablaufen der Software dynamisch angepasst werden. Das *Embedded Debug Interface* überwacht permanent die definierte Interruptleitung. Falls ein Interrupt angefordert wird, so wird der aktuelle Zeitstempel zwischengespeichert und ein *Counter* beginnt zu zählen. Der *Counter* wird so lange mit der *Systemclock* erhöht, bis die nächste Bedingung erfüllt ist. Falls zuerst die definierte Startadresse des Interrupts abgearbeitet wird, so wird der Counter wieder auf Null gesetzt. Tritt hingegen vor diesem Ereignis ein, dass die Latenzzeit überschritten wurde, so ist eine Timingverletzung erkannt worden und der *Debug-Latenz-Interrupt* wird ausgelöst. Zusätzlich wird in einem internen Register vermerkt, welcher Interrupt ausgelöst wurde.

Es ist für die Software damit möglich, eigenständig zu erkennen, ob *Deadlines* eingehalten oder überschritten wurden. Besonders bei Echtzeitanwendungen, wo strikte Vorgaben hinsichtlich der Verarbeitung von Ereignissen, vorgegeben sind, ist es damit möglich, Fehler zu erkennen. Nur durch Software-Methoden alleine wären diese Fehler nicht erkennbar.

Latenzzeit Task

Die Überprüfung der Latenzzeiten zwischen 2 Tasks oder anderen Programmteilen ist ähnlich der Überprüfung von Interruptlatenzzeiten. Bei dieser Konfigurationsart werden folgende Parameter für die Einstellung benötigt: Adresse Task1, Adresse Task2, maximale Latenzzeit. Falls der Programmcounter auf Adresse 1 zeigt, wird ein Counter gestartet. Nachdem die Software den Programmcode von Adresse 2 ausführt, wird der Counter wieder gestoppt. Wenn nach Ausführen von Adresse 1 jedoch der Counter einen Wert aufweist, der höher als die maximale vorgegebene Latenzzeit ist, so wird ein Interrupt generiert, der auf diesen Fehler hinweist. Zusätzlich wird im Interruptregister vermerkt, dass dieser Interrupt aufgetreten ist und somit eine *Deadline* nicht erreicht wurde.

Stacküberwachung

Viele Prozessoren haben keine Möglichkeit, eine Überprüfung des Stackbereiches hardwaremäßig durchzuführen. Eine Abschätzung, ob der Stackbereich groß genug konzipiert wurde, wird meist durch zusätzliche Softwarekomponenten durchgeführt, die den assemblierten *Source Code* verwenden, um diese Abschätzung durchzuführen. Bei Systemen mit mehreren Tasks oder bei Verwendung von rekursiven Aufrufen bzw. auch bei der Verschachtelung von Interrupts versagen diese Tools. Wenn der Speicherbereich für den Stack zu gering dimensioniert wurde, können schwerwiegende Probleme hervorgerufen werden, falls Daten von anderen Programmteilen dadurch überschrieben werden. Einige Betriebssysteme bieten daher die Eigenschaft, die Stacküberwachung durch das Betriebssystem durchzuführen. Das verursacht zusätzlichen Rechen- und damit Zeitaufwand, um diese Überprüfung durchzuführen. Dadurch wird die Software langsamer und die Performance sinkt. Weiters wird durch diese Methode auch lediglich eine verzögerte Erkennung der Stacküberschreiber möglich. Durch die hardwaremäßige Integration der Stacküberwachung durch das *Embedded Debug Tool* kann eine unmittelbare Erkennung dieses Fehlerfalles sicher gestellt werden. Damit sind Rückschlüsse auf die Ursachen der Stacküberschreibung einfach nachzuvollziehen.

Für die Stacküberwachung muss am Beginn des Programms eine kurze Initialisierungsroutine aufgerufen werden, die die Einstellungen vornimmt. Folgende Parameter müssen eingestellt werden: Der Grenzbereich des Stacks, das heißt, die jeweilige Stack-End-Adresse muss angegeben und die Option *Stack*-Überwachung aktiviert werden. Mehrere Adressen können dafür angeführt werden. Denn bei Verwendung von Betriebssystemen besitzt üblicherweise jeder Task seinen eigenen Stackbereich. Damit das System zuverlässig arbeitet, sollte die Stacküberprüfung so ausgelegt werden, dass nicht die letzten Bytes des Stacks als Überwachungsadresse angegeben werden, da sonst die Stacküberprüfung lediglich mehr die Fehlerinformation - die in diesem Fall aber irreversibel ist - anzeigen könnte. Sinnvoller ist es, wenn ein Buffer von mehreren Bytes vor dem tatsächlichen Endes des Stacks als Stackendbereich markiert wird. In diesem Fall kann noch der *Stack-Overflow-Interrupt* durchgeführt werden und softwareseitig eine Maßnahme getroffen werden, um die Stacküberschreibung zu verhindern. Typischerweise passiert dies durch Auslagern von Stackinhalten auf andere Speicherstellen. Diese Fehler sollten möglichst frühzeitig erkannt werden - am besten bereits während der Entwicklungszeit.

5.1.4 Data Modul

Das *Data Modul* ist für den Austausch der Daten zwischen *Host-PC* und *Debug Interface* vorgesehen. Die Daten können über eine beliebige Schnittstelle ausgetauscht werden. Bei den meisten Systemen stehen die *serielle Schnittstelle, USB oder Ethernet* zur Verfügung. Bei den verwendeten Beispielimplementie-

KAPITEL 5. SYSTEMMODELL EMBEDDED DEBUG TOOL

rungen wurde die *serielle Schnittstelle* verwendet, da diese bereits in einer fertigen *VHDL*-Implementierung zur Verfügung stand und wenig Platz am Chip beanspruchte. Im Folgenden ist auch der Aufbau des Protokolls der seriellen Schnittstelle erklärt, wobei dieses Protokoll bei Ethernet oder USB ebenfalls verwendet werden könnte.

Das Protokoll ist ein Master-Slave Protokoll. Master ist immer der *Host-PC*, das *Debug Interface* ist Slave. Die Nutzdaten werden im ASCII Format übertragen, damit sie mit einem einfachen Terminalprogramm leicht überprüft werden können. Am Anfang und Ende der Nutzdaten sind Beginn- und Endmarker vorgesehen. Am Ende des Datenframes ist zusätzlich eine Checksumme vorgesehen, wodurch die Nutzdaten gegen Manipulation und Fehler gesichert sind.

Der Aufbau ist in Abbildung 5.4 dargestellt:

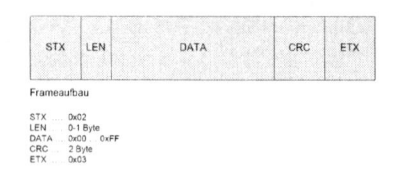

| STX | LEN | DATA | CRC | ETX |

Frameaufbau

```
STX    0x02
LEN    0-1 Byte
DATA   0x00 ... 0xFF
CRC    2 Byte
ETX    0x03
```

Abbildung 5.4: Telegrammaufbau Datenkommunikation

In den Nutzdaten werden die Informationen übertragen, welche anschließend über die Registerschnittstelle eingestellt werden. Damit können alle Funktionen des *Debug Interface* vom PC aus übertragen werden.

5.2 PC Debug Software

Die PC Debug Software wird verwendet, um die Daten, die das *Debug Interface* liefert, darzustellen. Weiters kann über die PC-Debug Software das *Debug Interface* konfiguriert werden. In Abbildung 5.5 ist der Aufbau der Software dargestellt:

Die unterste Schicht besteht aus einer DLL, die die Anbindung an das *Debug-Interface* durchführt. Die Daten werden über das in Abbildung 5.4 dargestellte Sicherungsprotokoll verpackt und an die obere Instanz gegeben. Dort befindet

KAPITEL 5. SYSTEMMODELL EMBEDDED DEBUG TOOL

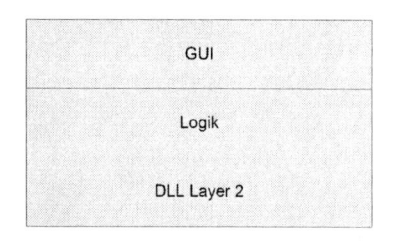

```
┌─────────────────────┐
│        GUI          │
│                     │
│       Logik         │
│                     │
│     DLL Layer 2     │
└─────────────────────┘
```

Abbildung 5.5: Schichtenmodell Debug Software am PC

sich die Logik, die die Auswertung der Daten vornimmt sowie die Ein- und Ausgabe der Daten steuert. Die Daten werden in einem grafischen Benutzerinterface übersichtlich für die Entwickler dargestellt.

5.3 Klassifizierung der Debug- und Analysemöglichkeiten

In diesem Kapitel werden die unterschiedlichen Fehlerklassen diskutiert, bei denen das *Debug Interface* die Fehlererkennung unterstützt. Das *Debug Tool* hat vielfältige Möglichkeiten, Fehler, die in der Entwicklung und nach Auslieferung der *Embedded Software* auftreten, zu detektieren.

5.3.1 Timing

Eine wesentliche Eigenschaft des *Embedded Debug Tools* ist es, das Timingverhalten des Hardware/Software Systems exakt analysieren zu können. Die Entwickler von Software können oftmals nur mit sehr hohem Aufwand, wie zum Beispiel dem Einsatz von Messgeräten wie Oszilloskop oder Logikanalysatoren exakten Aufschluss über das Zeitverhalten des Systems gewinnen. Bei *Systems On Chip* ist es nur möglich, wenn bestimmte Signale auch prozessorextern zur Verfügung stehen, diese zu analysieren. Mit dem *Debug Tool* können die Latenzzeiten des Systems exakt erfasst werden. Zu jedem Zeitpunkt ist der Zustand nachvollziehbar und kann über die Verknüpfung der Logikelemente des *Debug-Interface* komplexe *Debug*-Probleme lösen.

KAPITEL 5. SYSTEMMODELL EMBEDDED DEBUG TOOL 71

Interruptlatenzzeit

Die Latenzzeit von Interrupts kann zyklusgenau erfasst werden. Das erste Auftreten des auslösenden Ereignisses - zum Beispiel der Überlauf eines Timers oder eine fallende Flanke an einem externen Interrupteingang - wird durch das *Debug Tool* zyklusgenau erkannt. Das anschließende Bearbeiten des Interrupts wird durch das Überprüfen der entsprechenden Programmcounter Adresse ebenfalls exakt erkannt. Beim Einstellen der Interruptlatenzzeit kann man vorgeben, welche Ereignisse für die Berechnung und Überprüfung der Interruptlatenzzeit verwendet werden sollten. Der Einsprung in die Interruptserviceroutine oder der jeweilige Befehl, wo die Abarbeitung tatsächlich durchgeführt wird, kann angegeben werden. Die maximal erlaubte Latenzzeit zwischen dem Ereignis des Auslösens und der tatsächlichen Abarbeitung des Interrupts ist durch einen Zeitwert voreinstellbar. So ist es möglich, alle Zeiten zu messen oder nur dann eine Ausgabe zu machen, wenn diese Zeit überschritten wurde. Damit wird signalisiert, dass ein Fehler aufgetreten ist und eine Deadline nicht eingehalten wurde.

Softwarelatenzzeit

Ähnlich wie bei Interrupts können auch zwischen zwei Programmteilen die Latenzzeiten gemessen und überprüft werden. Hier wird das gleiche Prinzip wie oben beschrieben angewendet. Der Unterschied besteht in der Einstellung und Überprüfung. Bei der Überprüfung der Softwarelatenzzeit werden zwei Adressen des Programmcounters für die Berechnung der Latenzzeit herangezogen. Nachdem der Befehl des ersten Programmcounters exekutiert wurde, wird die Zeit gemessen, bis der Befehl des zweiten Programmcounters ausgeführt wird. Auch in diesem Fall ist es möglich, dass nur bei Überschreitung der voreingestellten Zeitspanne eine Ausgabe durchgeführt wird. Diese Messung kann zum Beispiel für die Latenzzeit zwischen zwei Tasks oder auch zwischen zwei beliebigen Programmteilen durchgeführt werden.

Interruptlatenzzeiten und Latenzzeiten zwischen Tasks oder anderen Programmteilen sind zyklusgenau erfassbar und können in der Entwicklung von zeitkritischen Anwendungen die Fehlersuche um ein vielfaches beschleunigen.

KAPITEL 5. SYSTEMMODELL EMBEDDED DEBUG TOOL 72

5.3.2 Fehler bei Input/Output

Alle *Input/Output*-Leitungen sind bei den Prozessoren entweder über Speicherbereiche oder über *SFR - spezielle Funktionsregister* anzusprechen. Somit können die Zustände an den *Input/Output* - Pins des Prozessors mit dem *Debug Tool* einfach überwacht und die Änderungen detektiert werden. Ähnlich wie bei der Speicherüberprüfung kann auch hier auf bestimme Bitmuster oder auf nicht vorhandene Bitmuster beziehungsweise auf Pegeländerungen getriggert werden. Damit kann der Entwickler die Hardware Anbindung seines Systems gut kontrollieren und erkennen, falls Hardwarekomponenten falsche Ergebnisse liefern. Ohne die Unterstützung durch das *Debug Tool* ist diese Möglichkeit der Fehlerüberprüfung nur sehr schwierig bis gar nicht möglich, weil die Software nicht permanent diese Leitungen überwachen kann.

5.3.3 Logikanalysator Fähigkeiten des Embedded Debug Tools

Da das *Debug Interface* die Busleitungen und auch andere Steuerleitungen wie zum Beispiel die Interruptleitungen beobachtet und durch die interne Logik einfachere und komplexe Verknüpfungen durchführen kann, kann es die Aufgaben eines Logikanalysators übernehmen. Das *Debug-Interface* hat zusätzlich den Vorteil, dass es *on-Chip* integriert wird und dadurch interne Prozessorzustände ausgelesen werden können. Aufgrund des beschränkten Speichers und der Größe des *Debug*-Moduls muss von Anwendung zu Anwendung entschieden werden, welche und wie viele Funktionen tatsächlich in Hardware realisiert werden.

5.3.4 Warnschwellen bei Speicherüberlauf

Das *Embedded Debug Tool* kann die Speicherbereiche des verwendeten Systems prüfen und wertvolle *Debug-* Informationen liefern. Sowohl der Programmspeicher als auch der RAM-Speicher können geprüft werden. In diesem Abschnitt werden die *Debug*-Möglichkeiten für den RAM-Speicher diskutiert. Häufige Fehler bei der Softwareentwicklung sind Überschreiber von Speicherbereichen. Viele *Embedded Systems* unterstützen noch keine *Memory Management Unit* und können somit auch nicht gewährleisten, dass beim Schreiben auf Buffer durch fehlerhafte Software Speicherbereiche von anderen Programmteilen überschrieben werden. Diese Fehler sind sehr schwierig zu finden, da sie nicht deterministisch

KAPITEL 5. SYSTEMMODELL EMBEDDED DEBUG TOOL 73

sind und somit für den Entwickler als zufällige Fehler erscheinen. Die Fehler treten immer unter anderen Bedingungen auf und die Entwickler werden bei der Fehlersuche auf eine falsche Fährte geleitet. Denn durch das Überschreiben von Speicherinhalten kann zum Beispiel eine *State Machine* falsche Zustände einnehmen oder eine Variable, die eine Temperatur beinhaltet, weist plötzlich ungültige oder fehlerhafte Werte auf. Der Verursacher dieser Fehler ist aber schwer zu finden, da dies ein beliebiger Softwareteil gewesen sein könnte.

Dynamischer Speicher

Auch bei der *Allokierung* von dynamischem Speicher kann das *Embedded Debug Tool* Unterstützung anbieten, falls die Speichergrenzen überschritten werden. Durch eine Erweiterung des *Embedded Debug Tools* kann dies durchgeführt werden. Da die Speicherbereiche bei dynamischer Allokierung nach dem Compilieren noch nicht bekannt sind und erst während der Laufzeit errechnet werden, muss auch das *Embedded Debug Tool* die dynamische Konfiguration durchführen. Dies wird erreicht, indem nach dem Allokieren des Speicherbereiches eine Konfigurationsprozedur aufgerufen wird, die an das *Debug Tool* die Speicherbereiche übermittelt. In Listing 5.1 ist vorgestellt, wie dieser Ablauf durchgeführt wird:

```
/* Konfiguration Dynamic Memory*/

int *memory;

memory = (int *)malloc(0x100);

Debug_IF_Config('M', &memory, &memory+0x0100, Max_Value, Min_Value, Idx);

/* Anwendung */
    for (int i = 0; i < 0x100; i++)
    {
        memory = ...
    }
```

Listing 5.1: Dynamischer Speicher

In Zeile 1 bis 9 findet die Konfiguration des Debug Interfaces statt. Nach der *Allokierung* des Speichers (Zeile 7) wird die Prozedur *DebugIFConfig* in Zeile 9 aufgerufen. In diese Prozedur werden die Parameter 'M' für Speicherprüfung, die Adresse des allokierten Speicherbereiches und auch dessen Größe sowie die minimalen und maximalen Werte übergeben, bei denen Überprüfungen durchgeführt werden. Schließlich gibt der Index an, an welcher Stelle diese Konfiguration gespeichert werden soll. Im anschließenden Programmteil wird der Speicherbereich durch das *Debug Tool* überwacht und ein entsprechendes Ereignis ausgegeben, falls Werte auf diesen Speicherbereich geschrieben werden.

5.3.5 Events

Event-Tracking von Betriebssystemen ist mit dem *Embedded Debug Tool* ebenfalls möglich. Man kann überprüfen, welche Events wann ausgelöst wurden diese zeitlich gegenüberstellen. Damit können Ablauffehler und *Race Conditions* erkannt werden. Das *Embedded Debug Tool* bietet im Vergleich zu bestehenden Eventtrackingmechanismen, die die Betriebssystemhersteller selbst anbieten, den Vorteil, dass keine Beeinflussung von Zeit und Speicher erfolgt. Verwendet man die Systemaufrufe des Betriebssystems für das *Event-Tracking*, so wird der Zeitablauf und auch die Speicherauslastung verändert.

5.3.6 Auslastung Softwareteile

Das *Embedded Debug Tool* bietet die Möglichkeit, die Auslastung des Systems zu prüfen. So können zusammenhängende Speicherbereiche überwacht werden, die Aufschluss darüber geben, wie stark die jeweiligen Softwarekomponenten durchgeführt werden. Das heißt, man kann genau beobachten, wie viel Systemzeit zum Beispiel das Betriebssystem benötigt, wie viel Systemzeit Task1, Task2 und die weiteren Tasks benötigen. Durch die Analyse der benötigten Systemressourcen kann bereits während der Entwicklung rasch erkannt werden, wenn bestimmte Softwareteile offensichtlich zu viel Zeit in Anspruch nehmen. Auch im Feld ist es aufschlussreich, wenn Treiber von Schnittstellen überlastet werden und dadurch Fehler auftreten.

5.3.7 Selfdebugging

Mit *Selfdebugging* kann die Software, die gerade vom Prozessor abgearbeitet wird, eigene *Debug*-Informationen auswerten. Dies ist für das Debugging im Feld und auch während der Softwareentwicklung nützlich. Das *Debug Interface* kann

KAPITEL 5. SYSTEMMODELL EMBEDDED DEBUG TOOL 75

über Registerschnittstellen durch die Software konfiguriert und ausgelesen werden. Alle Informationen, die das *Debug Interface* sammelt und aufzeichnet, können von der Software, die überprüft wird, selbst ausgewertet werden. Ein Beispiel für eine Anwendung von Selfdebugging ist das Überprüfen von Deadlines in einem Echtzeitsystem.

Das *Debug Interface* wird zuerst über die Registerschnittstelle konfiguriert, so dass das Überschreiten der Deadline erkannt wird. Das heißt, die maximale Latenzzeit zwischen zwei Softwareteilen oder zwischen Anfordern und Ausführung des Interrupts wird im *Debug Interface* konfiguriert. Falls eine Deadline überschritten wird, wird im *Debug Interface* ein Eintrag generiert. Optional kann noch dazu ein Interrupt ausgelöst werden, um diese Informationen schneller zu verarbeiten. Wenn die Software durch die Unterstützung des *Debug Interface* erkennt, dass die Deadline überschritten wurde, kann ein kontrolliertes Abschalten oder das Versenden einer Nachricht ausgelöst werden. Die Software bekommt überdies die Information über die eigenen Fehlerzustände mitgeliefert und kann damit vor allem bei Systemen im Feld viel besser nachvollziehen, wodurch fehlerhaftes Verhalten entstanden ist.

5.4 Zusammenfassung

Das vorgestellte Systemkonzept des *Embedded Debug Tools* beinhaltet folgende Komponenten:

Das Kernstück bildet das *Debug Interface*, welches den Adress-Daten-Bus, die speziellen Funktionsregister und die Interrupteingängen überwacht. Eine interne Logik ist für das Monitoring sowie für die Verknüpfung und Steuerung der zu überwachenden Ereignisse zuständig. Das *Debug Interface* besitzt Register für die Konfiguration und Steuerung des Monitoring und dem Setzen von Ereignissen. Das *Debug Interface* hat eine Schnittstelle zu einen PC Programm, wo die Auswertung der Daten und Ereignisse stattfindet. Weiters kann auch über die Register des *Debug Interfaces* die Software die Informationen auslesen und es können auch Interrupts durch das *Debug Interface* erzeugt werden. Durch das *Embedded Debug Tool* stehen dem Entwickler eine Reihe von neuen Möglichkeiten für das Debugging zur Verfügung. So kann der Softwareentwickler genaueste Informationen über das Timing des Systems gewinnen, er kann Deadlines, Zeitüberschreitungen aber auch Speicherüberschreiber durch das Verwenden des *Embedded Debug Tools* durchführen. Durch das Verwenden des *Embedded Debug Tools* werden die

KAPITEL 5. SYSTEMMODELL EMBEDDED DEBUG TOOL 76

in Kapitel 4 diskutierten Problempunkte gelöst: Es ist durch das *Debug Tool* möglich, komplexe Fehler rascher einzugrenzen. Die Verwendung des Debug Tools ist eine *non-intrusive Debug* Technik. Es ist ausgeschlossen, dass die Software durch das Debugging bezogen auf Timing oder Speicher verändert wird.

6 Simulation Embedded Debug Tool

In diesem Kapitel wird das Simulationssystem erklärt. Die geforderte Funktionalität des *Embedded Debug Tools* wird überprüft, wobei ein 16-bit Prozessor für die Simulation eingesetzt wird. *SystemC* dient als Simulationsumgebung und MATLAB Simulink für die Visualisierung. Ein *Instruction Set Simulator* der Firma *Renesas*, der für Simulationssysteme bereits entsprechende Schnittstellen vorgesehen hat, stellt das Kernstück des Systems dar. Getestet wird die Simulationsumgebung anhand eines Muskelstimulationssystems, das für die Firma Otto Bock entwickelt wurde. Dieses System hat strenge Anforderungen an das Zeitverhalten und ist somit gut geeignet, Fehler wie Überschreitung von Interruptlatenzzeiten nachzuweisen.

Es gibt mehrere Möglichkeiten, um die Simulationen durchzuführen. Simulationssysteme und Simulationsmodelle bilden immer nur einen Teil der Realität ab und abstrahieren von den realen Eigenschaften. Um gute Simulationsergebnisse zu erzielen, ist es wichtig, genau zu wissen, welche Eigenschaften durch die Simulation sehr gut abgebildet werden und welche Eigenschaften der Realität durch die Simulation verloren gehen. Weiters muss bei der Simulation auch Rücksicht auf die Rechenzeit genommen werden, da die Ergebnisse in vernünftiger Zeitdauer zur Verfügung stehen müssen.

Durch Simulationen werden Fehlentscheidungen in der Entwicklung bereits zu einem frühen Zeitpunkt verhindert und geben auch einen sehr guten und frühen Einblick in die noch nicht implementierte Realität.

Simulationssystem für *Embedded Systems* werden in verschieden Genauigkeitsstufen und Themenklassen eingeteilt ([GLGS02]):

- *Timing Accuracy*: Dieses Simulationsmodell bildet ein zeitgenaues Verhalten der Wirklichkeit ab. Die Zeit kann in Sekunden, Stunden, Tagen oder auch in Clockzyklen, wie in der Hardwareentwicklung oft üblich, angegeben werden. Die Zeitintervalle sind diskret und müssen vor der Simulation des Modells so definiert werden, dass es zu keiner fehlerhaften Verarbeitung kommt. Durch die Festlegung der kleinsten Zeiteinheit wird bestimmt, wie hoch die zeitliche Auflösung ist.

KAPITEL 6. SIMULATION EMBEDDED DEBUG TOOL

- *Functional Accuracy*: Funktionsgenaue Systeme sind weniger genau als zeitgenaue Systeme und bilden die Funktionalität des Systems ab. Sie werden vor allem für komplexe Anwendungen verwendet, um die Simulationszeit zu verkürzen.

- *Structural Accuracy*: Bei Systemmodellen, die den Schwerpunkt auf Strukturgenauigkeit legen, werden nur die Strukturen des Modells abgebildet. Es wird nicht auf die Aufteilung in Software und Hardware Wert gelegt.

- *Data Organization Accuracy*: Systeme mit Datengenauigkeit legen das Hauptaugenmerk in die Datenstrukturen des abzubildenden Systems. Der verwendete Speicher und dessen Aktivität sind die wichtigsten Bestandteile der Simulationsmethode

- *Communication Protocol Accuracy*: Die Kommunikationsprotokolle zwischen verschiedenen Systemen werden durch Simulationssysteme mit Schwerpunkt auf Kommunikationsprotokollgenauigkeit modelliert und simuliert.

Ein Simulationssystem beinhaltet mindestens einen von oben erwähnten Punkt. Teilsysteme können mit unterschiedlicher Gewichtung die einzelnen Genauigkeitsstufen beinhalten und untereinander verbunden werden. Ein Beispiel ist ein *Embedded System* mit Kommunikationsteil und komplexen Algorithmen zur Regelung von Motoren. In diesem Fall wird der Kommunikationsteil durch eine andere Modellierung dargestellt als der rechenintensive Regelungsalgorithmus. Somit kann auf die speziellen Anforderungen jedes Teilsystems eingegangen werden und die Rechenzeit wird sich in tolerierbaren Grenzen befinden. Eine Modellierung nach diesem Gesichtspunkt hat den Vorteil, dass ein Modell nach außen durch die definierten Schnittstellen zu anderen Modellen kompatibel ist. Die Funktionalität der Komponenten im Inneren kann durch funktionsgenaue Modellierung sehr rasch und einfach funktional angepasst werden [GLGS02].

Bei den Simulationen, die beim *Debug Interface* durchgeführt werden, ist die zeitliche Genauigkeit das wesentliche Kriterium. Es muss gewährleistet sein, dass die Implementierung das zeitbezogene Verhalten korrekt abbildet. Die Simulation selbst wird nicht in Echtzeit durchgeführt. Es muss lediglich gewährleistet sein, dass alle Simulationsergebnisse auf exakte Zeitintervalle bezogen werden können. Der Simulator kontrolliert die Zeit im Modell und macht sie für die Anwender der Simulationsergebnisse nachvollziehbar. Der große Vorteil der Simulation liegt darin, dass die internen Zustände des Systems genau beobachtet und nachvollziehbar sind. Eine Überprüfung der Wirklichkeit kann sozusagen in Zeitlupe

KAPITEL 6. SIMULATION EMBEDDED DEBUG TOOL 79

durch den Entwickler erfolgen. Im echten System kann aufgrund der sehr kurzen Zeitabstände eine genaue Analyse oft nicht durchgeführt werden - zumindest nur auf externer Ebene, wo Messgeräte für die Messungen herangezogen werden können. Durch das Simulationssystem können auch Stress- und Fehlersituationen nachgestellt werden, die anschließend analysiert und ausgewertet werden, ohne auf die Echtzeit Rücksicht nehmen zu müssen.

Für das zu untersuchende *Debug Interface* sind die Simulationsgenauigkeit bezogen auf Zeit und Funktionalität entscheidend. Die anderen Kriterien (Struktur, Datenorganisation und Kommunikation) waren für das Modell nicht relevant. Das Kommunikationsprotokoll, welches für die Übertragung der Daten zum Host-PC verwendet wurde, ist in der Simulation nicht berücksichtigt, da diese Schicht sehr gut von den eigentlichen Aufgaben des *Debug Tools* abstrahiert ist. Die Abschätzung der Fehler, die durch dieses Modell entstehen können, ist sehr einfach durchzuführen. Durch Bufferung wurde diese Schicht von der eigentlichen *Debug Interface Schicht* losgelöst - somit gibt es keine wechselseitige Beeinflussung.

6.1 SystemC

Für die Simulation des *Debug Interface* wurde die Klassenbibliothek *SystemC* verwendet. *SystemC* ist durch die IEEE Computer Society genormt und spezifiziert. Die Dokumentation und der Source Code zu *SystemC* sind frei erhältlich und können über das Internet downgeloadet werden. Diese Klassenbibliothek ist in Zusammenarbeit von verschiedenen Firmen und Universitäten wie Infineon und IMEC (Interuniversity Micro Electronic Center) auf Initiative von Synopsis und der Universität of California Irvine entwickelt worden.

Das Ziel von *SystemC* ist die Definition einer ANSI Standard C++ Bibliothek, die für den System- und Hardware-Entwurf eingesetzt werden kann. Der allgemeine Ansatz von *SystemC* ist, einen C++ basierenden Standard für Entwickler und Systemarchitekten zur Verfügung zu stellen. Damit können komplexe Systeme, bei denen Hardware und Software eng gekoppelt sind, simuliert werden. Bei herkömmlicher Hardware/Software Entwicklung wird Software und Hardware mit unterschiedlichen Tools entwickelt. Die Hardwarebeschreibung und die Softwareentwicklung sind unabhängig von einander und können nicht gemeinsam getestet werden. *SystemC* ermöglicht eine Kombination von Software-Entwicklung und Hardwarebeschreibung. Mit einem einzigen Werkzeug können sowohl Hardware als auch Software simuliert werden (vgl. Abbildung 6.1). In der Praxis hat sich

KAPITEL 6. SIMULATION EMBEDDED DEBUG TOOL

jedoch gezeigt, dass *SystemC* nicht die gleichen Leistungen erbringen kann wie bestehende Hardwarebeschreibungstools. Daher wurde in dieser Dissertation *SystemC* für die Modellierung eingesetzt und nicht für die komplette Entwicklung bis zur Synthese.

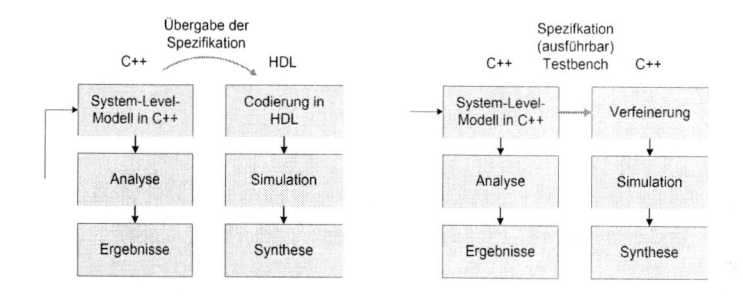

Abbildung 6.1: Vergleich HW/SW herkömmlich und mit SystemC [Muh00]

Die *SystemC* Klassenbibliothek unterstützt das funktionale Modellieren eines Systems, indem es Klassen zur Verfügung stellt, die folgendes leisten [SYSC]:

- Die hierarchische Zerlegung eines Systems in mehrere Module,
- Die strukturelle Verbindung zwischen den Modulen unter Verwendung von Ports und Exports,
- Das Scheduling und die Synchronisation von gleichzeitig laufenden Prozessen unter Verwendung von *Events* und *Sensitivitys*,
- Das Weitergeben der Simulationszeit,
- Die Auseinanderteilung der Rechenprozesse von Kommunikationskanälen,
- Das unabhängige Verfeinern von Rechenleistung und Kommunikation unter Verwendung von Schnittstellen,
- Hardware orientierte Datentypen für das Modellieren von digitaler Logik und fixed-point Arithmetik.

Ein *SystemC* Modell wird wie eine Software mit mehreren Prozessen entwickelt. Als Basis dient die Programmiersprache C++. Die Kontrolle unterliegt dem Scheduler, der die Prozesse in einer Weise ablaufen lässt, wie es für die Modellierung

KAPITEL 6. SIMULATION EMBEDDED DEBUG TOOL

von digitaler Elektronik notwendig ist. Die Kommunikation zwischen den Prozessen ermöglicht den Austausch von Informationen wie Zykluszeit und Zustände der einzelnen Leitungen und Pins. Die *Embedded Software* kann innerhalb dieses Modells gut getestet und in die Simulation integriert werden, da die Programmierumgebung bereits ein C++ Compiler ist. Die einzelnen Module können je nach Bedarf der Simulation in ihrem Modellverhalten verfeinert werden. Gleichzeitig können in ein und demselben Simulationssystem Modelle integriert werden, die sehr abstrakt und nur funktional modelliert wurden, andere hingegen sind sehr genau nachgebildet und halten das Timing exakt ein.

In Abbildung 6.2 ist der Aufbau der SystemC Architektur skizziert. Als Basis dient die Programmiersprache C++. Aufbauend darauf befinden sich die Bibliotheken Core Language, die die wesentlichen Aufgaben von *SystemC* durchführen. Der Kern beinhaltet die Simulationsmaschine mit dem *Prozess-Scheduler*, der nicht unterbrechbar ist und die Abfolge der Prozesse regelt. Die Bibliothek *predefined channels* gewährleistet den einfachen Austausch zwischen parallelen Modulen. Die Bibliothek *Utitlites* unterstützt bei Reports und bei *Trace*-Funktionen. Die *Data Types* geben an, welche Datentypen verwendet werden können. Aufgesetzt auf diese Grundfunktionen stehen Bus- und Verifikationsmodelle zur Verfügung. Die Anwendung - inklusive den geforderten Benutzerinterfaces - kann sich jeder C++ Entwickler selber gestalten und auch Funktionalität schaffen, dass das Modell in *SystemC* mit anderen Simulatoren wie z.B. *Instruction Set Simulatoren* oder MATLAB kommuniziert.

SystemC bietet eine gute Möglichkeit eine System Level Simulation von Software Algorithmen und Hardwarearchitekturen durchzuführen. In Abbildung 6.3 ist dargestellt, wie die *CPU* über *Channels* mit anderen Komponenten kommuniziert. Einerseits wird ein Kommunikationskanal mit dem *DMA-Controller* und andererseits mit dem *SPI-Interface* aufgebaut. SPI und DMA können ebenfalls Informationen austauschen. Die Implementierung erfolgt am Zielsystem in Hardware, kann aber im *SystemC*-Modell sehr einfach in die bestehende Software integriert werden.

C oder C++ können von vielen Entwicklern für Modellbeschreibungen verwendet werden, da die Sprachen bei der Entwicklung von *Embedded Systems* sehr weit verbreitet sind. Durch diese Modelle können Berechnungsergebnisse und Konzepte überprüft werden. Entscheidungen hinsichtlich Geschwindigkeit oder parallel ablaufender Prozessor können sich im weiteren Verlauf der Entwicklung als Fehler erweisen und somit vorzeitig gefunden werden.

KAPITEL 6. SIMULATION EMBEDDED DEBUG TOOL 82

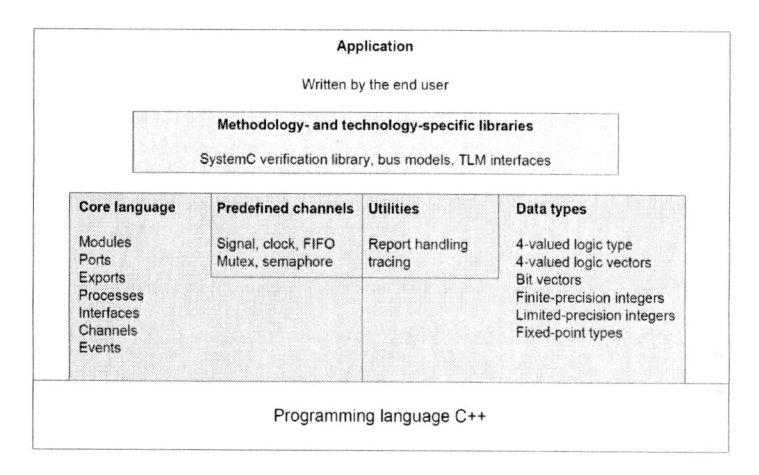

Application		
Written by the end user		
Methodology- and technology-specific libraries SystemC verification library, bus models, TLM interfaces		
Core language Modules Ports Exports Processes Interfaces Channels Events	**Predefined channels** Signal, clock, FIFO Mutex, semaphore	**Data types** 4-valued logic type 4-valued logic vectors Bit vectors Finite-precision integers Limited-precision integers Fixed-point types
	Utilities Report handling tracing	
Programming language C++		

Abbildung 6.2: SystemC Aufbau der Architektur ([Com06])

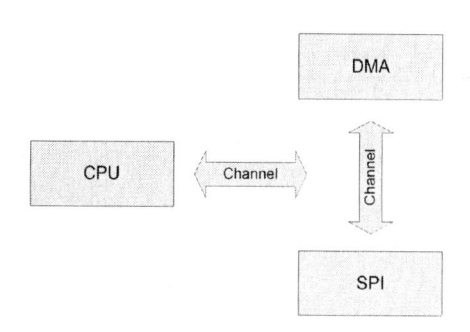

Abbildung 6.3: Systemlevel Simulation [Kop04]

KAPITEL 6. SIMULATION EMBEDDED DEBUG TOOL

Die Klassenbibliothek *SystemC* unterstützt die Entwicklung eines Simulationsmodells durch

- Modellierung der Simulationszeit,
- der Erzeugung von Simulationsmodellen,
- der Kommunikation zwischen den Modulen (Interfaces, Ports, Channels) und
- der Durchführung der Simulation (Events, Sensitivty).

Mit der Modellierungsbibliothek ist es einfach, diskrete Hardwaremodelle zu entwerfen und zu implementieren. Zeitgenaue Modelle des Systems können entworfen und nachgebildet werden. Die Simulationsmodule innerhalb eines Simulationssystems sind in *Threads* organisiert. *SystemC* erzeugt für jedes Modul einen eigenen *Thread* und übernimmt die Abarbeitung der implementierten Funktionalität. Da der *Scheduler* nach jedem Zyklus einen Wechsel zwischen den einzelnen *Threads* erzwingen kann, werden parallel ablaufende Hardwarekomponenten durch die Synchronisation nach dem Clockzyklus korrekt und zyklusgenau abgebildet. Die Kommunikation zwischen den einzelnen Modulen wird durch *Interfaces, Ports* und *Channels* realisiert. Dieses Kommunikationskonzept basiert auf *FIFOs (First In First Out)*. Die Konsistenz der Daten in den Kommunikationskanälen ist gewährleistet.

Zusätzlich besteht die Möglichkeit, einzelne Module flexibler zu gestalten, indem diese parametriert werden. Parametrisierbar ist zum Beispiel eine Kommunikationsschnittstelle wie die serielle Schnittstelle oder das *Serial Peripheral Interface SPI*, bei denen eine variable Bitbreite eingestellt werden kann. Diese Bitbreite kann zur *Compile*-Zeit eingestellt werden. Dadurch erhöht sich die Wiederverwendbarkeit des Modells. Die Modelle der einzelnen Module des gesamten Systems können auch bei anderen Systemen eingesetzt werden. Als Entwicklungsumgebung steht für *SystemC* jede beliebige C++ Entwicklungsumgebung für den Entwurf des Simulationsmodells zur Verfügung. Da der C++ Sprachstandard kostenlos ist und auch Entwicklungsumgebungen kostenlos zur Verfügung stehen, ist *SystemC* eine kostenlose Variante, um Systemsimulationen für Hardware und Software Modelle zu entwickeln.

Standardmäßig unterstützt SystemC als kleinstes Zeitintervall eine pico-Sekunde (ps). Diese kleinste Einheit der Simulationszeit kann in jede beliebige vielfache Zeiteinheit umgerechnet werden und so an die Zeitbasis des *Instruction Set Simulators* und damit auch an das *Debug Interface* angepasst werden.

6.1.1 Module

Die Module, die in dieser Simulation verwendet werden, bestehen aus vier Teilen:

a) Ports. Diese gewährleisten die die Kommunikation der Module untereinander.

b) Ein Prozess. Er beschreibt die Funktionalität des Moduls.

c) Interne Daten und Kommunikationskanäle. Diese dienen zum Modellieren von komplexen Aufgaben.

d) Hierarchisch angeordnete Module.

Ein Modul kann mehrfach instanziert werden. Die Funktionalität des Moduls kann in einem Projekt mehrmals verwendet werden.

6.1.2 Kommunikation zwischen den Modulen

Channels sind die Elemente für die Kommunikation und Speicherung von Daten. Methoden auf einem Channel werden als *Interfaces* bezeichnet. *Ports* sind die Kommunikationspunkte einzelner *SystemC* Beschreibungen nach außen.

Interfaces spezifizieren nur die Operationen auf einen Datenkanal. Es werden keine Datentypen deklariert und Implementierungen der Operationen durchgeführt. Die Implementierung der Operationen unterliegt dem Kommunikationskanal. Diese Funktionen werden von einem Port aufgerufen. Durch dieses Konzept ist es möglich, Module auf unterschiedlichem Abstraktionslevel zusammenzuschalten, da der Channel den Datentransport übernimmt.

Ports sind die definierten Schnittstellen der Module. Diese werden mit Datenkanälen auf demselben Abstraktionslevel verbunden. Eine definierte Schnittstelle von und zu einem Modul wird aus verschiedensten Gründen benötigt:

- Gekapselte Module mit einer definierten Schnittstelle haben eine höhere Wiederverwendbarkeit.
- Missverständnisse bei der Kommunikation mit dem Modul werden verhindert.

KAPITEL 6. SIMULATION EMBEDDED DEBUG TOOL

- Verschiedene Entwicklungsteams können sich an eine definierte Schnittstelle halten.

Ein *Channel* wird als Datenkanal bezeichnet und enthält die Implementierung der Interfaces. Datenkanäle können in der Komplexität sehr stark variieren. Eine einfache Verbindung mithilfe einer Bitvariable oder ein kompliziertes Kommunikationsprotokoll sind Beispiele für die Bandbreite. [Kop04]

Abbildung 6.4 zeigt das Zusammenspiel von Interfaces, Ports und Channels über verschiedene Hierarchieebenen.

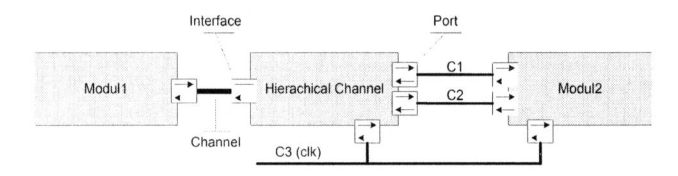

Abbildung 6.4: Port, Interfaces, Channels [GLGS02]

6.1.3 Events, Sensitivity

Die *Sensitivity* eines Prozesses besteht aus einer Gruppe von *Events*, die jeweils den *Scheduler* dazu bringen, dass der Prozess abgearbeitet wird. In *SystemC* werden sowohl statische als auch dynamische *Sensitivity* zur Verfügung gestellt. Die statische *Sensitivity* wird bei der Instanzierung des Prozesses erzeugt, die dynamische *Sensitivity* kann während der Laufzeit des Prozesses verändert werden.

Ein Event ist zum Beispiel das Ändern einer Variablen. Ein Event kann nicht nur 2 Zustände (ausgelöst, nicht ausgelöst) besitzen. Je nach Datentyp der Variable kann ein Event mehrerer Zustände besitzen (ausgelöst, nicht ausgelöst, steigende Flanke, fallende Flanke).

Ein Prozess ist sensitiv auf ein zeitliches Event. Solche Events werden meistens durch das Ändern von Port Variablen beschrieben. Ändert sich der Wert einer Eingangsvariablen, so wird der Prozess reaktiviert und bis zum nächsten WAIT abgearbeitet.

KAPITEL 6. SIMULATION EMBEDDED DEBUG TOOL

6.1.4 Testbench

Die *Testbench* stimuliert die Simulation mit definierten Eingangsdaten und überprüft die Ausgangswerte. Damit kann die Korrektheit der Simulation überprüft werden. Das System wird mit Testdaten angeregt und arbeitet diese nach den internen Strukturen ab. Die Ergebnisse geben Aufschluss über das Verhalten und die Korrektheit des Testsystems. Die *Testbench* ist so aufgebaut, dass zu bestimmten Simulationszeitpunkten das Simulationsmodell mit vordefinierten Daten stimuliert wird.

Die Ausgangsdaten können gespeichert und mit der Spezifikation verglichen werden. Falls Änderungen in der Implementierung von Algorithmen vorgenommen werden, so kann sehr schnell geprüft werden, ob das Systemverhalten dadurch geändert wurde oder nicht. Durch einen neuen Simulationslauf mit derselben *Testbench* muss das Ausgangverhalten gleich bleiben.

6.1.5 VCD-File

Im *Value Change Dump File* sind Änderungen einer Variablen mit dem jeweiligen Zeitstempel der Änderung abgespeichert. Mit einem *VCD File* kann eine Schaltung mit Eingangsdaten, die zu definierten Zeitpunkten verändert werden, stimuliert werden. Genauso ist es möglich, dass die Ausgangsdaten einer Variablen in diesem Format abgespeichert werden. Damit kann eine Überprüfung der Daten im Nachhinein einfach durchgeführt werden. Daten, die durch mehrere Simulationsläufe erzeugt wurden, können sehr einfach verglichen werden, da das Format vorgegeben ist.

6.2 Prozessoren

Das *Debug Interface* kann bei unterschiedlichen Prozessoren eingesetzt werden. In diesem Abschnitt und in den nächsten Kapiteln werden 8-, 16- und 32-bit Prozessoren vorgestellt, auf denen das *Debug Interface* in einer Simulation beziehungsweise in einer realen Implementierung eingesetzt wurde. Die Prozessoren unterscheiden sich in den unterschiedlichen Bitbreiten des Systembusses, in der Prozessorarchitektur - von Neumann gegenüber Harvard, und in der Verwendung bzw. Nicht-Verwendung von *Memory Management Units* und *Caches*. Durch die

KAPITEL 6. SIMULATION EMBEDDED DEBUG TOOL

Vielfalt der unterschiedlichen Voraussetzungen der Prozessoren ist ein guter Überblick über die Einsatzmöglichkeiten und die Grenzen des *Debug Interface* gegeben. Bei der Diskussion der unterschiedlichen Prozessortypen wird hauptsächlich auf den Prozessorcore, die Architektur des Prozessors und die Anbindung von Interrupts Wert gelegt. Die Anbindung an den Systembus wird ebenfalls diskutiert, wobei die einzelnen *Peripherals* nicht besprochen werden, da sie für die Arbeiten in dieser Dissertation nicht relevant sind.

6.2.1 Renesas M16C

Die Firma Renesas hat im Jahr 2001 eine Prozessorfamilie mit 16- und 32-bit Prozessoren auf den Markt gebracht, die sehr gut für stromsparende Anwendungen geeignet sind. Der Prozessorkern ist bei allen Derivaten der 16-bit Familie identisch. Die Prozessoren unterscheiden sich in der Größe des Daten- und Programmspeichers sowie in der Anzahl der Pins und den verfügbaren Peripherieeinheiten, wie Timer, Serielle Schnittstellen, CRC Generator, SPI und weitere Komponenten. Die genauen Daten können in den Datenblättern [RT03e], [RT03a], [RT03b], [RT06], [RT03d], [RT03c] nachgelesen werden.

In Abbildung 6.5 ist das Blockdiagramm der M16C/62 Gruppe dargestellt. Die einzelnen Prozessorderivate verfügen über die hier aufgezeichneten Komponenten. Das Herzstück des Prozessors ist der Prozessorkern, der aus Register, ALU (hier nicht eingezeichnet) und Multiplizierer besteht. Angeschlossen daran sind ROM und RAM sowie die externen Peripheriekomponenten. Der Prozessor verfügt über zwei DMA *(Direct Memory Access) Controller*, mehreren Timer, zwei Stück Digital-Analog Konverter und bis zu 10 Analog Digital Konverter. Für die Kommunikation mit anderen Prozessoren oder Recheneinheiten sind bis zu drei asynchrone und synchrone serielle Schnittstellen vorgesehen. Die Register des M16C sind doppelt vorhanden - dadurch wird *Registerbankswitching* gewährleistet. Interrupts können so schneller abgearbeitet werden, da die Inhalte der Register nicht am Stack gesichert werden müssen.

Der Prozessor Renesas M16C ist in einer *von-Neumann-Architektur* realisiert. Der gesamte Speicherbereich - d.h. Programmspeicher, Datenspeicher und die speziellen Funktionsregister sind im gleichen Speicherraum adressierbar. In Abbildung 6.6 ist die Aufteilung der Speicherbereiche dargestellt.

Von Adresse 0 bis Adresse 0x400 sind die speziellen Funktionsregister abgebildet. Ab Adresse 0x400 beginnt der Bereich des internen *RAMs*, der je nach Pro-

KAPITEL 6. SIMULATION EMBEDDED DEBUG TOOL 88

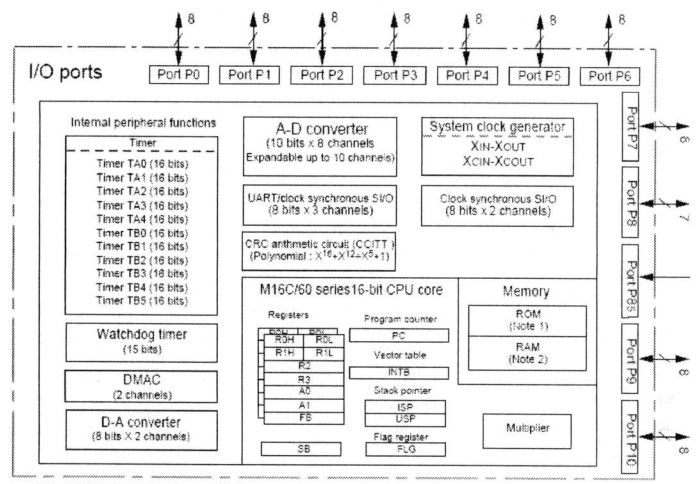

Abbildung 6.5: Block Diagramm M16C/62 Gruppe [RT03e]

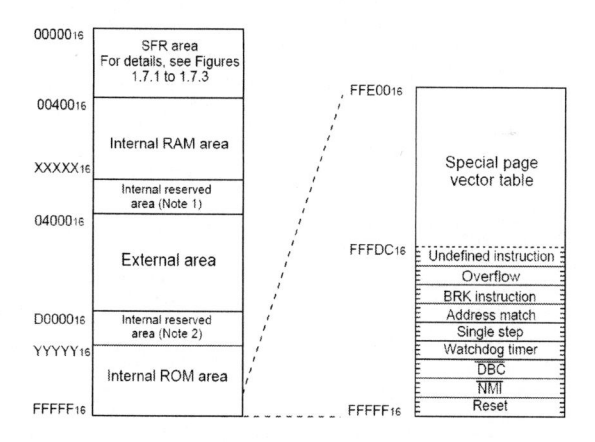

Abbildung 6.6: Block Diagramm M16C/62 Gruppe [RT03e]

KAPITEL 6. SIMULATION EMBEDDED DEBUG TOOL 89

zessortyp von der Adresse 0xFFF bis zur Adresse 0x53FF reichen kann. Ab der Speicherstelle 0x4000 bis zur Speicherstelle 0xD0000 sind externes *RAM*, *ROM* oder andere Peripherieeinheiten abgebildet, die an den externen Bus des Prozessors angeschlossen werden können. Der Programmspeicherbereich ist wiederum abhängig vom Prozessortyp und beginnt bei Adresse 0xF8000 für den Prozessor mit dem kleinsten *ROM*-Bereich beziehungsweise bei Adresse 0xE0000 für den Prozessor mit dem größten *ROM*-Bereich.

Im obersten Adressbereich - von 0xFFE00 bis 0xFFFFF sind die Vektortabellen für die *Interrupt*- und *Trap*- Verarbeitung platziert. Der Prozessor beginnt nach dem *Reset* den Befehl an der letzten Stelle des Speichers - an der Adresse 0xFFFFF - abzuarbeiten. An dieser Adresse muss ein Sprung an die Startadresse des Initialisierungsprogramms oder des Hauptprogramms erfolgen.

Für das Hinzufügen von zusätzlichen Peripheriekomponenten - wie es das *Debug Interface* darstellt, kann der Bereich der speziellen Funktionsregister beziehungsweise ein anderer freier Bereich im externen Bereich gewählt werden.

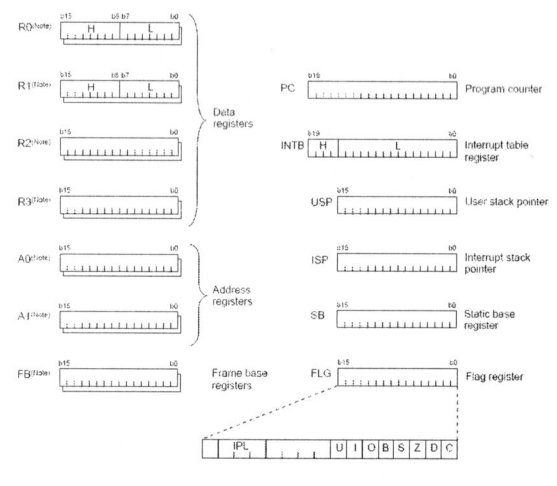

Abbildung 6.7: Block Diagramm M16C/62 Gruppe [RT03e]

KAPITEL 6. SIMULATION EMBEDDED DEBUG TOOL

Die *Central Processing Unit* hat insgesamt 13 Register, die in Abbildung 6.7 dargestellt sind. Sieben dieser Register (R0, R1, R2, R3, A0, A1, FB) sind in 2 Sets vorhanden - dadurch ist das *Registerbankswitching* möglich. Die Register haben folgende Funktionalität:

- Data Register (R0, R1, R2, R3): Die Datenregister sind 16 bit breit und werden für den Transfer von Daten und logisch-artihmetische Operationen verwendet.

- Adress Register (A0, A1): Die Funktion der Adressregister beinhaltet die vollständige Funktionalität der Datenregister. Zusätzlich können diese Register für indirekte und relative Adressierung verwendet werden. Die Register können auch als ein 32 bit Register (A1 und A0 gemeinsam) zusammengefasst werden.

- Frame Base Register (FB): Das *Frame-Base Register* wird für die relative Adressierung verwendet.

- Program Counter (PC): Der Programm Counter ist 20 bit breit und zeigt an die Adresse der Instruktion, die als nächstes ausgeführt wird.

- Interrupt Table Register (INTB): Diese Register ist ebenfalls 20 bit breit und zeigt auf die Startadresse der Interruptvektortabelle.

- Stackpointer (USP/ISP): Der Stackpointer ist als User und Interrupt Stackpointer ausgeführt.

- Static Based Register (SB): Das *Static Base Register* wird für die relative Adressierung verwendet.

- Flag Register (FLG): Das Flag Register umfasst 11 Bits. Es besteht aus *Carry Flag, Debug Flag, Zero Flag, Sign Flag, Register Bank Flag, Overflow Flag, Interrupt Enable Flag, Stack Pointer Select Flag, Prozessor Interrupt Priority Level.*

6.3 Instruction Set Simulator

Ein *Instruction Set Simulator* ist eine Software, die den Ablauf der *CPU* nachbildet und simuliert. Damit kann ein Maschinencode, der für das Zielsystem compiliert und assembliert wurde, getestet werden, ohne die reale Hardware zur Verfügung zu haben. Der Vorteil von *Instruction Set Simulatoren* ist, dass die Befehle

KAPITEL 6. SIMULATION EMBEDDED DEBUG TOOL

von hardwarenahen Softwareentwicklern Schritt für Schritt getestet und gleichzeitig die inneren Abläufe im Prozessor transparent dargestellt werden. Einige Hersteller von *Instruction Set Simulatoren* bieten Schnittstellen an, durch die man zusätzliche Hardware in eine Simulation einbinden kann. Das in Kapitel 5 vorgestellte *Debug Interface* kann mit Hilfe eines *Instruction Set Simulators* und einem geeigneten Hardwaremodell vorab getestet werden. In diesem Kapitel wird der *Instruction Set Simulatoren* vorgestellt, bei dem die Simulation des *Debug Interfaces* durchgeführt wurde.

6.3.1 Renesas PD30SIM

Der *Instruction Set Simulator* von *Renesas* besteht aus dem Simulator Debugger PD30SIM und der PDxxSIM I/O DLL, die für die Einbindung von Simulationsmodellen von externer Hardware zuständig ist. Der Simulator Debugger besitzt die identische Oberfläche, wie der Debugger für die reale Hardware. Reneasas bietet einen *In-Circuit-Emulator* und einen *Software-Monitor-Debugger* an, die die gleiche Debugoberfläche bieten. In dieser Oberfläche können alle Zustände des Prozessors ausgelesen und verändert werden. In Abbildung 6.8 ist die Oberfläche des Simulator Debuggers dargestellt. Im oberen rechten Fenster ist der Source Code in C ersichtlich. Unterhalb ist ein Trace-Fenster geöffnet, wo für jeden abgearbeiteten Zyklus, der jeweilige Zustand angezeigt wird. Oben rechts befindet sich das *Watch-Window*, wo der Wert von eingegebenen Variablen angezeigt wird. Diese Werte können in einem Fenster verändert werden.

Der Simulator Debugger PD30SIM unterstützt den Entwickler der Software mit folgenden Funktionalitäten:

- RAM Monitor: Diese Funktion erlaubt es, den Inhalt des Speichers zu beobachten und zu verändern, ohne die Konsistenz des Programms und des Speicherinhalt zu gefährden.

- Break Funktion: Software und Hardware Breakpoints sind möglich. Bei einem Software Break wird das Programm in einer bestimmten, vorher spezifizierten Programmzeile gestoppt. Ein Hardware Break hingegen erlaubt, Werte in einer Variable oder einem Register zu spezifizieren. Wird diese Bedingung erfüllt, stoppt das Programm automatisch.

- Trace Funktion: Die Trace Funktion erlaubt es, die Abarbeitung des Programms zu verfolgen.

KAPITEL 6. SIMULATION EMBEDDED DEBUG TOOL 92

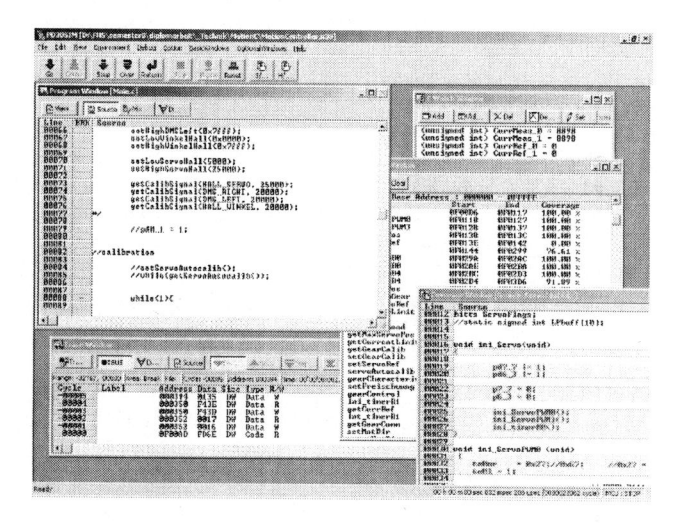

Abbildung 6.8: Oberfläche des Simulators PD30SIM

KAPITEL 6. SIMULATION EMBEDDED DEBUG TOOL 93

- Coverage Funktion: Diese Funktion zeigt alle abgearbeiteten Befehle in einem Programmcode und kann so zum Beispiel für einen White Box Test verwendet werden.

- Real Time OS Debugging Funktion: Diese Funktion dient zur Überprüfung der Taskausführung und des Status des Betriebssystems.

- Programmerweiterung: Durch zusätzliche Programmmodule (API) ist es möglich die Funktionalität des Simulators zu erweitern.

Zusätzlich zum Simulator *PD30SIM* steht noch die DLL *PDxxSIM I/O DLL* zur Verfügung, die aktive und passive Funktionen beinhaltet. Die aktiven Funktionen können vom Simulator selbständig aufgerufen werden. Die passiven Funktionen erlauben es dem Programmierer, den Zustand und die Register des Simulators zu ändern. Abbildung 6.9 zeigt, wie Simulator und DLL kommunizieren. Der Simulator besteht aus der *Simulator Engine* und dem User Interface. Die *Simulator Engine* kommuniziert mit der I/O DLL. Über die *Notify*-Prozeduren wird die DLL über die aktuellen Zustände der CPU informiert. Über die *Request*-Kommandos kann die DLL von sich aus Informationen über den Zustand des Prozessors abfragen. Der Simulation wir einerseits über das User-Interface des PD30SIM gesteuert und andererseits über die angeschlossene DLL.

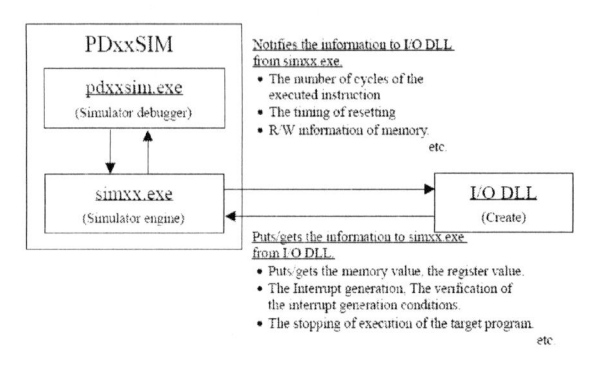

Abbildung 6.9: Kommunikation I/O DLL und PD30SIM [RT03d]

Folgende Funktionen des PD30SIm, die Informationen an die DLL senden, sind hier aufgelistet:

KAPITEL 6. SIMULATION EMBEDDED DEBUG TOOL

- NotifyStepCycle: Nach jedem abgearbeiteten Befehl führt der Simulator diesen Befehl aus.
- NotifyPreExecutionPC: Bevor der Befehl ausgeführt wird, wird der Zustand der Programm Counters bekannt gegeben.
- NotifyReset: Meldet den Reset des Simulators.
- NotifyStart: Meldet das Starten des Simulators.
- NotifyEnd: Meldet das Beenden des Simulators.
- NotifyInterrupt: Meldet die Vektoradresse des Interrupts, falls ein Interrupt ausgelöst wird.
- NotifyPreReadMemory: Meldet die Adresse und die Datenlänge bevor der Readbefehl ausgeführt wird.
- NotifyPostWriteMemory: Meldet die Adresse, die Datenlänge und den Datenwert nachdem der Schreibbefehl ausgeführt wurde.

Folgende Funktionen der PD30SIM, die Informationen nach Anfrage der DLL liefern, sind nachfolgend aufgelistet:

- RequestGetMemory: Liefert die Daten der angegebenen Adresse.
- RequestPutMemory: Speichert an die angegebene Adresse den Wert.
- RequestGetRegister: Liefert den Wert des angegeben Registers.
- RequestPutRegister: Speichert den Wert in das definierte Register.
- RequestInterrupt: Erzeugt einen Interrupt.
- RequestInterruptStatus: Liefert den Zustand des Interrupts.
- RequestTotalCycle: Liefert die Gesamtanzahl der bisher ausgeführten Zyklen.
- RequestInstructionNum: Liefert die Gesamtanzahl der bisher ausgeführten Instruktionen.
- RequestStop: Zwingt das ausführende Programm zum Stopp.
- RequestErrorNum: Liefert den aktuellen Error-Code zurück.

6.4 Systemaufbau Simulation

Die Simulation des *Debug Interfaces* besteht aus Instruction Set Simulator, *Debug*-Ausgaben am Hyperterminal und der SystemC-Hardware-Simulation als Kernstück. In Abbildung 6.10 ist dieser Aufbau dargestellt.

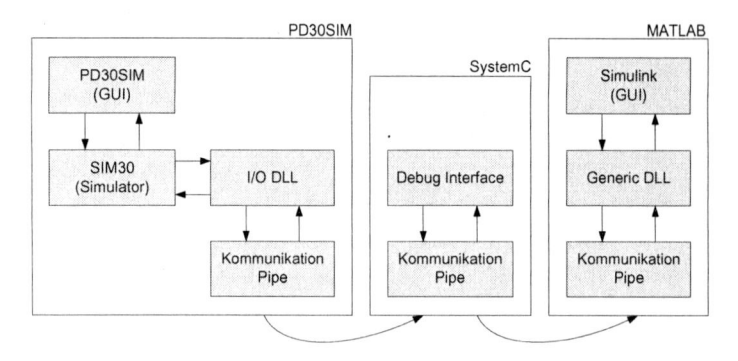

Abbildung 6.10: Aufbau des vollständigen Simulationssystems [LKSN05]

Dieses Simulationssystem besteht aus 4 Komponenten:

- *Instruction Set Simulator* für das Ausführen des Programms,
- SystemC Hardwaremodul zum Nachbilden von externer Hardware - hier das Debug Interface,
- Visualisierung mit MATLAB,
- Kommunikationskanäle zum Verbinden der einzelnen Module.

Die SystemC Modellierung bildet die zentrale Stelle der Systemsimulation des *Debug Interfaces*. Dort treffen die Nachrichten des Simulators und der Visualisierung ein beziehungsweise werden von dieser Einheit gesteuert. Die Daten werden vom SystemC Modell interpretiert und aufgrund des Modells verändert und wieder an den *Instruction Set Simulator* und an die Visualisierungseinheit übergeben. Die Simulationszeit ist dabei in fixe Zeitintervalle unterteilt. Es gibt ein fixes kleinstes Zeitintervall. Diese Unterteilung ist für digitale Schaltungen sehr gut geeignet, da diese über Clock gesteuert werden und nach jedem Clock-Zyklus die Zustände verändert werden. Analoge Schaltungen müssen über entsprechende

KAPITEL 6. SIMULATION EMBEDDED DEBUG TOOL

Diskretisierungsverfahren an dieses Zeitmodell angepasst werden. Im vorliegenden Fall der Simulation des *Debug Interfaces* sind ausschließlich digitale Schaltungen in Verwendung.

Ein weiterer Aufbau der Simulation sieht vor, dass die Visualisierung nicht in MATLAB durchgeführt wird, sondern dass die Steuerung des Debug Systems über VDV Input File und die Visualisierung im Nachhinein durch die Aufzeichnungen aus den VCD Output Files überprüft werden. Dies ist in Abbildung 6.11 dargestellt.

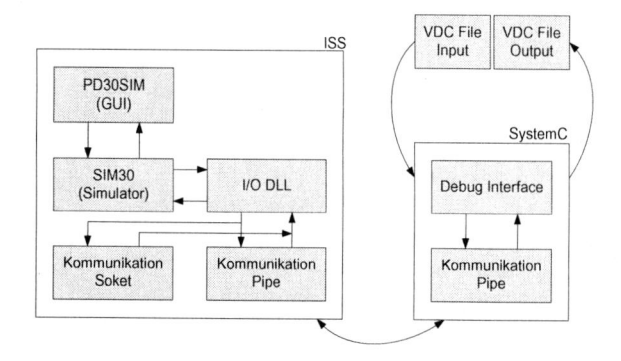

Abbildung 6.11: Aufbau des Simulationssystems, Variante 2 [LKSN05]

6.4.1 Interrupt

Für die Interruptgenerierung sind zwei verschiedenen Funktionen notwendig. Eine Funktion listet die zugewiesenen Interrupts auf, eine weitere Funktion erzeugt die zu generierenden Interrupts. Diese Trennung ist sinnvoll, falls zwei Interrupts zur selben Zeit generiert werden. Diese werden nach ihren Prioritäten in eine Liste eingeordnet und nacheinander um einen Befehlszyklus verzögert ausgeführt. Somit ist die Anforderung ausschließlich von der Priorität abhängig.

Abbildung 6.12b zeigt die Implementierung eines externen Interrupts.

KAPITEL 6. SIMULATION EMBEDDED DEBUG TOOL

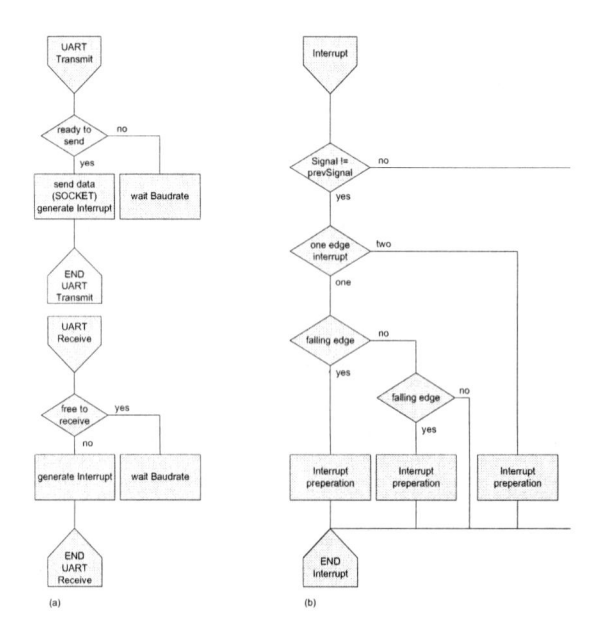

Abbildung 6.12: Flussdiagramme (a) Uart, (b) Interrupt

KAPITEL 6. SIMULATION EMBEDDED DEBUG TOOL

6.4.2 UART Universal Asynchronous Receiver Transmitter

Die Simulation der seriellen Schnittstelle (UART) wird am PC mit dem Programm *HyperTerminal* durchgeführt. Das Programm kommuniziert über *Sockets* mit der Simulation. Daten, die vom Simulator an den UART gesendet werden, werden an das Hyperterminal geleitet und umgekehrt. Das Datum, welches in das Senderegister des Mikroprozessors gestellt wird, wird verzögert in den Kommunikationskanal *(Socket)* gestellt. Die Verzögerung entspricht der Zeitspanne, die die serielle Schnittstelle bei der eingestellten Baudrate benötigt. Zur selben Zeit wird ein Sende-Interrupt generiert, damit von der Interrupt Service Routine gegebenenfalls ein neuer Wert in das Register gestellt werden kann.

In umgekehrter Richtung verhält sich der UART ähnlich. Ein Datum wird in das jeweilige Empfangsregister gestellt und ein Empfangsinterrupt wird ausgelöst. Damit kann das Programm das Datum vom Register abholen. Der nächste Wert wird verzögert in das Empfangsregister des Prozessors gestellt. Die Verzögerung entspricht der Zeitspanne, die die serielle Schnittstelle bei der eingestellten Baudrate benötigt. Durch diesen Mechanismus erhält man eine realitätsnahe Abbildung der Funktionsweise des UART.

Abbildung 6.12a zeigen den Sende- und den Empfangsablauf im UART.

Alle Konstrukte müssen in der Funktion *NotifyStepCycle* der SimulatorDLL instanziert und gegebenenfalls leicht angepasst werden, um die Funktionalität des Prozessors nachzubilden.

6.5 Simulationsbeispiel: Muskelstimulationsgerät

Als Beispiel für die Simulation wurde ein Muskelstimulationsgerät der Firma Otto Bock verwendet. Dieses Gerät erzeugt Ströme, die über Elektroden Muskeln stimulieren. Es werden biphasische, monophasische und alternierende Impulse erzeugt, die mit unterschiedlichen Pulsweiten (wenige us bis 500ms) und Frequenzen (<1Hz bis zu 150Hz) ausgegeben werden. Da dieses Gerät als Medizinprodukt der Klasse 2 eingestuft ist, müssen spezielle Vorkehrungen getroffen, damit keine falschen Signale während der Stimulation in den Körper appliziert werden. Sporadisch auftretende Fehler sind schwer zu finden und daher wurde für diesen Fall überprüft, ob ein Debug Interface beim Auffinden von Fehlern Hilfestellung bieten kann.

KAPITEL 6. SIMULATION EMBEDDED DEBUG TOOL

Der Anwendungsschwerpunkt in diesem System liegt in der Verifikation der Stimulationsströme. Die Ströme sind sehr dynamisch. Durch diese Dynamik ist es unmöglich, kurzzeitige Fehlfunktionen wie Überläufe oder Zeitverschiebungen zu entdecken. Die Simulation ermöglicht, die Ausgangsspannungen genau zu beobachten. Das Muskelstimulationssystem besitzt 4 Ausgangskanäle, welche unabhängig voneinander mit verschiedenen Stromformen angesteuert werden können. Jede einzelne Ausgangsspannung wird durch komplexe Zusammenschaltung von Digital- und Analogsignalen erzeugt.

6.5.1 Systemaufbau

Der Systemaufbau ist in Abbildung 6.13 dargestellt.

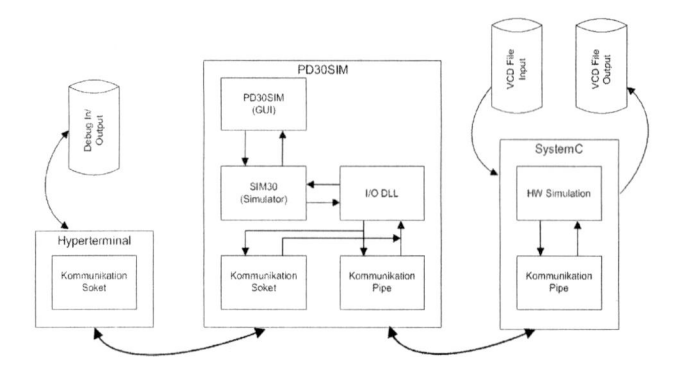

Abbildung 6.13: Systemaufbau Stiwell [Kop04]

Über das *HyperTerminal* werden *Debug*-Texte ausgegeben. Kommandos zum Starten und Stoppen der Ausgangsstromformen werden zum Simulator geleitet. Die Simulationsergebnisse werden in eine VCD Datei gespeichert. Nach einer Simulation werden diese Daten in einem VCD File Viewer1 analysiert. Ohne diese laufende Visualisierung wird die Simulationszeit verkürzt. Das Hardwaremodell enthält die Komponenten der tatsächlichen Hardware und besteht aus zwei Modulen.

% KAPITEL 6. SIMULATION EMBEDDED DEBUG TOOL

- Dem Display Modul um ein angeschlossenes Display zu emulieren und somit den Programmfortschritt zu gewährleisten (Busy Waiting)
- Das Stromformen Modul simuliert die Bedingungen für die Ausgabe der Spannungen an einer Elektrode. Diese Funktionalität ist mehrmals instanziert und für jeden Ausgangskanal vorhanden.

6.5.2 Simulationsdurchführung

Während der Simulation läuft der vollständige unveränderte Code des Stimulationsgerätes. Somit wird zugleich das Zusammenspiel der einzelnen Funktionalitäten überprüft. An zwei der vier Ausgänge werden zeitversetzt Kontraktionsimpulse (Abbildung 6.14) ausgegeben.

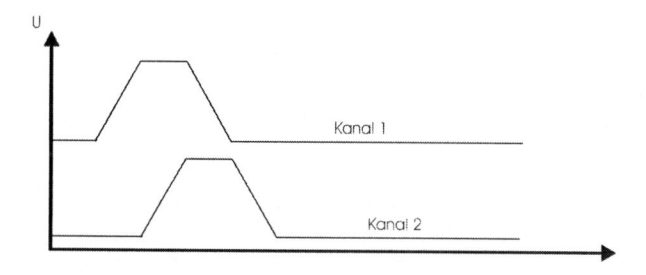

Abbildung 6.14: Spannungsformdefinition [Kop04]

Abbildung 6.15 zeigt den Versuch diese Definition am Oszilloskop nachzuprüfen. Durch die Anzahl der verschiedenen Steuersignale ist dies sehr kompliziert und abstrakt. Interpretieren kann man die Abbildung 6.15 folgendermaßen:

- Ausgabe der Spannung am DA Wandler
- Setzen der Ausgangspolarität
- Freischalten des Spannungswandlers
- Umkehr der Ausgangspolarität
- Sperren des Spannungswandlers

KAPITEL 6. SIMULATION EMBEDDED DEBUG TOOL 101

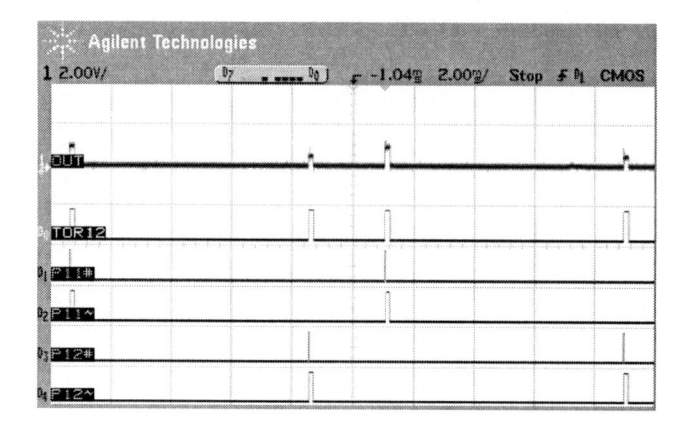

Abbildung 6.15: Oszilloskopbbild der Stromformen [Kop04]

Es kann nur ein kleines Zeitfenster der gesamten Ausgangsspannung verifiziert werden und Fehlerfälle können sehr schwer bzw. gar nicht erkannt werden. Diese manuelle Kontrolle wird nun im Simulator automatisiert durchgeführt. Die Ausgangsspannungen der Kanäle können mit einem Wave File Viewer ausgewertet werden. In diesem Fall wurde ein Problem (Markierung 1) gefunden. Es ist auch möglich, die Spannung am DAC und die Steuerleitungen auf Bitebene (Abbildung 6.17) detailliert zu betrachten und so genauen Aufschluss über den Fehler zu gewinnen.

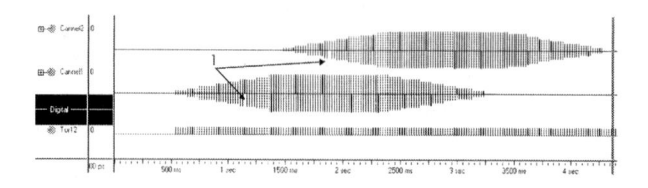

Abbildung 6.16: Ausgangsspannungen des Stimulationssystems [Kop04]

KAPITEL 6. SIMULATION EMBEDDED DEBUG TOOL 102

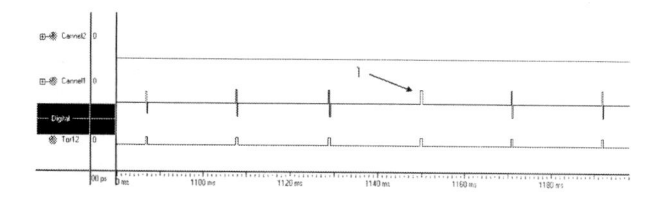

Abbildung 6.17: Ausgangsspannungen des Stimulationssystems (1 Impuls) [Kop04]

6.6 Zusammenfassung

In diesem Kapitel wurde eine Simulation des *Embedded Debug Tools* mit dem 16 bit Prozessor M16C der Firma Renesas durchgeführt. Dazu wurde der *Instruction Set Simulator* von Renesas eingesetzt, der mit einem *SystemC* Modell erweitert wurde. Im *SystemC*-Modell sind die Eigenschaften des *Debug-Interface* abgebildet. Die zeitliche Überprüfung von Interrupts und anderen Ereignissen auf *IO-Leitungen* werden durch das Simulationsmodell berücksichtigt. Neben der Implementierung des Simulationsmodells wurde auch ein Beispiel aus der Praxis verwendet, um das Systemmodell zu verifizieren. Es wurden Teile der Ansteuerungen eines Muskelstimulators der Firma Otto Bock verwendet, um diese Überprüfungen durchzuführen.

Die Simulation hat ergeben, dass *Timing*-Fehler durch die Simulation nachgewiesen werden können. Die gleichen Fehler können somit auch mit dem *Embedded Debug Tool*, wenn es in Hardware auf einem *System-on-Chip* integriert ist, nachgewiesen werden.

In den nachfolgenden Kapiteln werden vergleichend der 8 bit Prozessor AVR und der 32-bit Prozessoren Mico32 ausgewählt, um eine Implementierung des Debug Tools in Hardware nachzuweisen.

7 Vergleichende Implementierung AVR

In diesem Kapitel wird die Implementierung des *Embedded Debug Tools* in Kombination mit dem Softcore Mikroprozessor AVR ATmega 103 der Firma Atmel vorgestellt. Der verwendete Mikroprozessor hat eine Registerbreite von 8 Bit. Als Testplattform diente eine Eigenentwicklung, auf der ein FPGA der Firma Xilinx realisiert war. Prozessor, Peripherie und *Debug Interface* wurden im FPGA integriert. Das *Debug Interface* und die Peripherie wurden in VHDL beschrieben. Für das Überprüfen und Testen der korrekten Funktion des *Debug Interface* wurden einige Softwarebeispiele implementiert. Diese haben gezeigt, dass das *Debug Interface* bei diesem Mikroprozessor integriert werden kann.

Der AVR Mikrocontroller wird in sehr vielen unterschiedlichen Bereichen - von der Automatisierungstechnik, über Medizintechnik, Unterhaltungselektronik, Fahrzeugelektronik - eingesetzt. In den letzten Jahren konnten die Marktanteile des AVR immer weiter ausgebaut werden, sodass dieser Prozessor heute eine bereits signifikante Marktstellung erreichen konnte. Dies, obwohl er erst seit ca. 10 Jahren am Markt erhältlich ist.

Alle Teile der AVR Familie sind als alleinstehende Prozessoren aufgebaut - d.h. sie sind ausgestattet mit *RAM*, *EEPROM* und *Flash* für den Programmspeicher. Durch einen internen Quarz ist der AVR nur durch Anlegen einer Versorgungsspannung lauffähig. Der Softcore des AVR wurde von *Opencores* bezogen und an die Anforderungen für das *Debug Interface* angepasst.

7.1 Testplattform

Als Testplattform wurde die Plattform *Sandbox* verwendet, die von Pfaff, Langer und Voggeneder entwickelt wurde ([PL06]). In Abbildung 7.1 ist diese dargestellt.

Die Platine besteht aus einem Mikroprozessor vom Typ AVR und einem FPGA Spartan II von der Firma Xilinx. Die *Sandbox* besitzt eine Schnittstelle zum

KAPITEL 7. VERGLEICHENDE IMPLEMENTIERUNG AVR 104

Abbildung 7.1: Testplattform Sandbox [PL06]

Mikroprozessor, die als Adress-Daten-Bus realisiert wurde. Weitere Schnittstellen auf der Sandbox sind VGA, serielle und parallele Schnittstellen, Taster, 7-Segmentanzeigen, PS2. Im Anhang ist der Schaltplan und das Layout der *Sandbox* abgebildet. Für die vergleichende Implementierung des *Debug-Interfaces* wurde nur das *FPGA* verwendet. Der AVR-Mikroprozessor, der auf der Platine bestückt ist, wurde für die Evaluierungen nicht verwendet, da ein AVR-Softcore-Prozessor im *FPGA* implementiert wurde.

7.1.1 FPGA

Die Implementierung des Softcore Prozessors erfolgte in einem *FPGA* von Xilinx. In diesem *FPGA* wurde auch die *Debug Unit* und die notwendige Peripherie implementiert.

7.1.2 Architektur AVR

Der AVR atmega 103 *Softcore Prozessor* beinhaltet 32 General Purpose Working Register. Diese Register sind voneinander unabhängig und direkt mit der Arithmetischen Logischen Einheit (*ALU*) verbunden. Mit einer einzigen Instruktion (der AVR ist eine Single Cycle CPU) können 2 Register verknüpft werden und das Ergebnis der Operation wird in einem Register abgespeichert. Die Architektur ist auf die Hochsprache C abgestimmt. Das heißt, dass Konstrukte wie Zeigerarithmetik, Schleifen durch die Assemblersprache des AVR sehr rasch umgesetzt werden. Im Vergleich zu einem 8051 Prozessor, der aufgrund seines langen Bestehens noch nicht auf die Hochsprache C optimiert wurde, können beim AVR bei gewissen Befehlen Beschleunigungen von Faktor 2 bis 4 erreicht werden. Auch die Codedichte ist bei diesem Prozessor sehr gut, was ihn zu einem sehr leistungsfähigen 8-Bit Mikrokontroller macht.

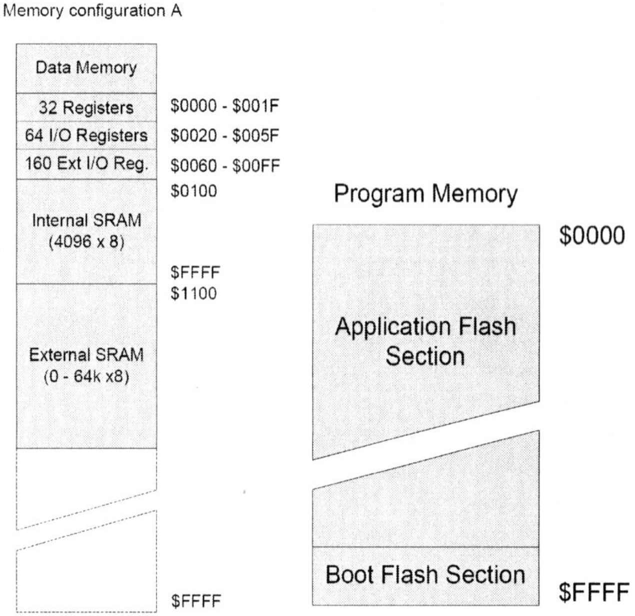

Abbildung 7.2: Speicherarchitektur AVR atmega 103 [AC01]

Der Prozessor ist in Harvard Architektur aufgebaut. Programmspeicher und Datenspeicher sind getrennt und haben jeweils einen Adressraum von 64 kByte. In

KAPITEL 7. VERGLEICHENDE IMPLEMENTIERUNG AVR

Abbildung 7.2 ist zu sehen, dass der Programmspeicher weiters unterteilt ist in Bootloader Bereich und in Applikationsbereich. Damit ist es möglich, dass zum Beispiel Firmwareupdates im Feld und über Fernwartzugang leicht durchgeführt werden können. Der Datenbereich ist linear strukturiert und unterteilt in mehrere Felder:

- General Purpose Register,
- I/O Register (Spezielle Funktions Register),
- Extended I/O Register (Spezielle Funktions Register),
- Internes SRAM,
- Externes SRAM.

Die General Purpose Register werden für die Berechnung der ALU verwendet. Durch die hohe Anzahl an diesen Registern ist eine effiziente Programmierung möglich, vor allem bei der Programmierung von Interrupts. Die I/O Register werden verwendet um die Peripherie des Prozessors (zum Beispiel *Interupt Unit, Timer, Serielle Schnittstelle, Ports*) zu konfigurieren und um mit der Außenwelt zu kommunizieren. Die *Extended I/O Register* sind eine Erweiterung der bestehenden I/O Register und haben die gleiche Funktion. Im internen SRAM können Variablen und Daten gespeichert werden. Im *Extended SRAM* können ebenso diese Daten abgespeichert werden. Das *Extended SRAM* hat jedoch den Nachteil, dass der Zugriff um den Faktor 2-5 langsamer ist als der Zugriff auf das interne RAM. Der genaue Faktor der Verzögerung ist durch die Einstellung der *Waitstate Zyklen* vorgegeben. Das *Extended SRAM* ist optional und der Prozessor ist auch ohne diesen Baustein voll funktionsfähig. [AC03]

In Abbildung 7.3 ist eine Architekturübersicht des verwendeten Prozessors gegeben. Der 8 Bit breite Datenbus verbindet die Peripheriekomponenten - wie *Interrupt Unit, SPI Unit, Watchdog Timer, Analog Komparator, I/O Module* - über die 32 General Purpose Register mit der ALU. Weiters können Daten vom SRAM oder vom EEPROM in die General Purpose Register verschoben werden. Das Programm ist im Flash Program Memory gespeichert. Über den Program Counter (PC), das Instruction Register und den Instruction Decoder wird der Ablauf der Firmware gesteuert. Der Prozessor verfügt über folgende Adressierungsarten [AC03]:

- Immediate Adressierung,
- Direkte Adressierung,

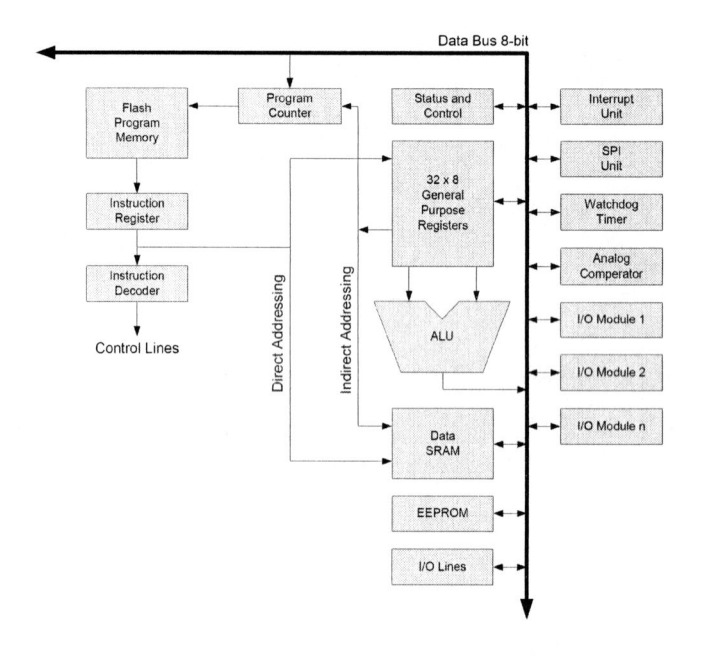

KAPITEL 7. VERGLEICHENDE IMPLEMENTIERUNG AVR 107

Abbildung 7.3: Systemarchitektur AVR atmega 103 [AC99]

KAPITEL 7. VERGLEICHENDE IMPLEMENTIERUNG AVR

- Indirekte Adressierung,
- Indirekte Adressierung mit Displacement,
- Indirekte Adressierung mit Postincrement,
- Indirekte Adressierung mit Predecrement.

Instruction Execution

Dieses Kapitel beschreibt den Ablauf der *Instruction Execution* beim AVR. Dieser Ablauf ist bei allen unterschiedlichen Mikroprozessoren aus der Familie der AVR identisch. Der Clock für die AVR CPU wird direkt von dem Clock abgeleitet, mit dem der Prozessor betrieben wird. Dieser Clock wird ohne Teilung direkt verwendet. Dem AVR stehen mehrere Clock-Quellen zur Verfügung. [AC01]

Der Prozessor verfügt, wenn man diesen als Chip von Atmel bezieht, über folgende Clock-Quellen:

- Externer Crystal / Keramik Resonator,
- Externer Low-Frequency Crystal,
- Externer RC Oszillator,
- Kalibrierter interne RC Oszillator,
- Externe Taktgeber.

Wird der Prozessor als *Softcore* in ein FPGA eingebunden, können beliebige Clock-Leitungen zur Ansteuerung der ALU verwendet werden.

In Abbildung 7.4 ist gezeigt, wie das *Instruction Fetching* und *Decoding* beim AVR durchgeführt wird. Durch die Harvard Architektur des Mikroprozessors und die Möglichkeit schnell auf die internen Register des Prozessors zuzugreifen, kann die Abarbeitung der Instruktionen parallelisiert werden. Dieses einfache Pipelining-Konzept ermöglicht die Abarbeitung eines Befehls innerhalb eines Zyklus - d.h. der Prozessor arbeitet mit 1 MIPS pro MHz und ist damit ein hochleitungsfähiger 8 bit Mikroprozessor.

In Abbildung 7.5 ist das interne Timing-Konzept für die Register Files dargestellt. In einem einzigen Clock Zyklus wird eine ALU Operation, die auf 2 verschiedene Register zugreift, ausgeführt. Das Ergebnis dieser Operation wird im Zielregister

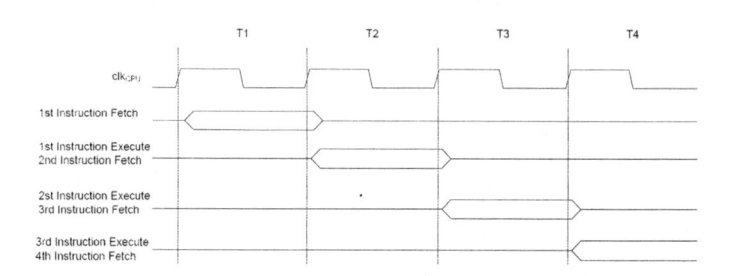

KAPITEL 7. VERGLEICHENDE IMPLEMENTIERUNG AVR 109

Abbildung 7.4: Instruction Fetch and Execute [AC99]

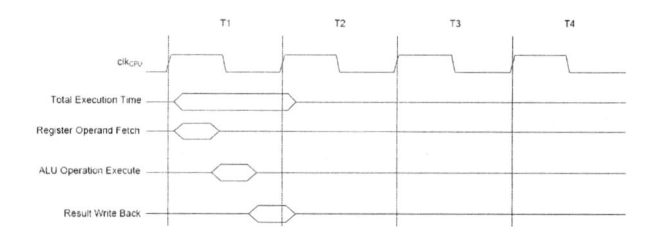

Abbildung 7.5: Timing Single Cycle ALU Operation [AC99]

KAPITEL 7. VERGLEICHENDE IMPLEMENTIERUNG AVR 110

wieder zurückgespeichert. Dieser Ablauf wird innerhalb eines einzigen Zyklus durchgeführt.

Neben diesen Single-Cycle Operationen gibt es auch einige Befehle beim AVR, die mehrere Zyklen benötigen. Dies betrifft vor allem Operationen, die auf einen externen oder internen Speicherbereich zugreifen und nicht direkt mit den internen General Purpose Register des AVR arbeiten. Ebenso können Operationen, die auf den Stack zugreifen (*PUSH* und *POP*), nicht in einem Zyklus abgearbeitet werden. Bei verschiedenen Abzweigungsbefehlen (z.b. *BREQ branch if equal*, *BRNE branch if not equal*) ist die Abarbeitungsgeschwindigkeit abhängig davon, welcher Zweig durchlaufen wird. Entweder benötigt der jeweilige Befehl einen Zyklus oder zwei Zyklen.

7.1.3 Interrupts

Die minimale Latenzzeit für die Abarbeitung eines Interrupts dauert vier Clockzyklen. Die tatsächliche Latenzzeit hängt von der implementierten Software ab. Falls Interrupts im Hauptprogramm gesperrt sind und erst wieder nach einigen Zyklen freigegeben werden, erhöht sich die Latenzzeit. Weitere Verzögerungen können durch andere Interrupts entstehen, denen eine höhere Priorität zugewiesen wurde, und die daher vorher abgearbeitet werden beziehungsweise nicht unterbrochen werden können. Schließlich können auch gerade exekutierte Befehle, die länger als einen Zyklus benötigen, nicht unterbrochen werden. Durch all diese zusätzlichen Faktoren, kann es zu nennenswerten Verzögerungen bei der Abarbeitung des Interrupts kommen.

Der *Programmcounter* (PC) wird innerhalb von vier Clock-Zyklen auf dem *Stack* abgelegt und das *Globale Interrupt Flag* auf 0 gesetzt. Der *Program Counter* wird anschließend mit der Startadresse des jeweiligen Interrupts geladen und das Programm wird an dieser Stelle fortgesetzt. Beim AVR sind die Interruptvektoren am Beginn des Programmspeichers abgelegt. Die Lage der Vektoren definiert gleichzeitig die Priorität - je niedriger die Adresse, desto höher die Priorität. Die Priorität der einzelnen Interruptquellen ist statisch und nicht parametrierbar.

Nachdem der *Interrupt* abgearbeitet wurde, wird er mit dem Befehl *RETI Return from Interrupt* wieder beendet. Dieser Befehl dauert vier Zyklen. Innerhalb dieser vier Zyklen wird der Programm Counter mit dem Wert des *Stacks* neu geladen. Der *Stackpointer* wird um zwei erhöht und das Interrupt Bit wird wieder gesetzt - damit sind nun weitere Interrupts möglich.

KAPITEL 7. VERGLEICHENDE IMPLEMENTIERUNG AVR

7.1.4 Debug Trace Unit

Mit der *On Chip Debug Unit* des AVR hat der Entwickler gute Möglichkeiten die Software zu debuggen. Über den *Debugger* hat man Zugang zu:

- allen internen *Peripherals*,
- zum internen und externen *RAM*,
- auf das interne Registerfile,
- auf den Programmcounter,
- und auf *EEPROM* und Flash Speicher.

Weiters kann man mit dem erweiterten Debug Support folgende Möglichkeiten verwenden:

- Break Instruction,
- Break bei Änderung des Programmflusses,
- Single Step Break,
- Programm Speicher Breakpoints bei Einzeladresse oder Adressbereich,
- und Data Memory Breakpoints bei Einzeladresse oder Adressbereich.

Über diese Einheit können das Flash und *EEPROM* programmiert werden, die *Fuse-* und *Lock bits* des Prozessors gesetzt werden. Mit den *Fuse-Bits* können Einstellungen wie Programmierung über *JTAG*, paralleles Interface oder auch Größe des Bootloadsektors und Auswahl der Clock-Quelle eingestellt werden. Mit den *Lock-Bits* wird der Prozessor gegen ungewolltes Auslesen der Firmware geschützt. Alle diese Funktionalitäten werden durch die Entwicklungsumgebung des Prozessors - dem AVRStudio - unterstützt. Mit einer Zusatzhardware, die das JTAG Interface (Siehe Abbildung 7.6) unterstützt, kann der Entwickler auf die Debug Ressourcen des AVR zugreifen.

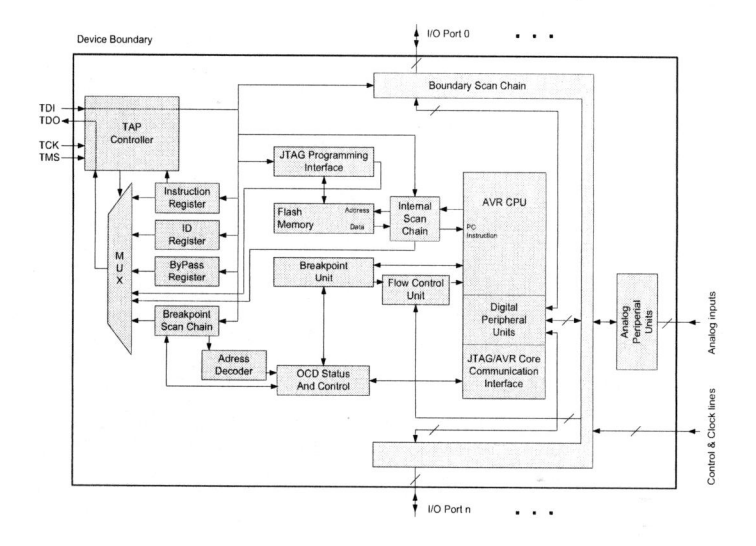

Abbildung 7.6: JTAG Übersicht [AC01]

KAPITEL 7. VERGLEICHENDE IMPLEMENTIERUNG AVR

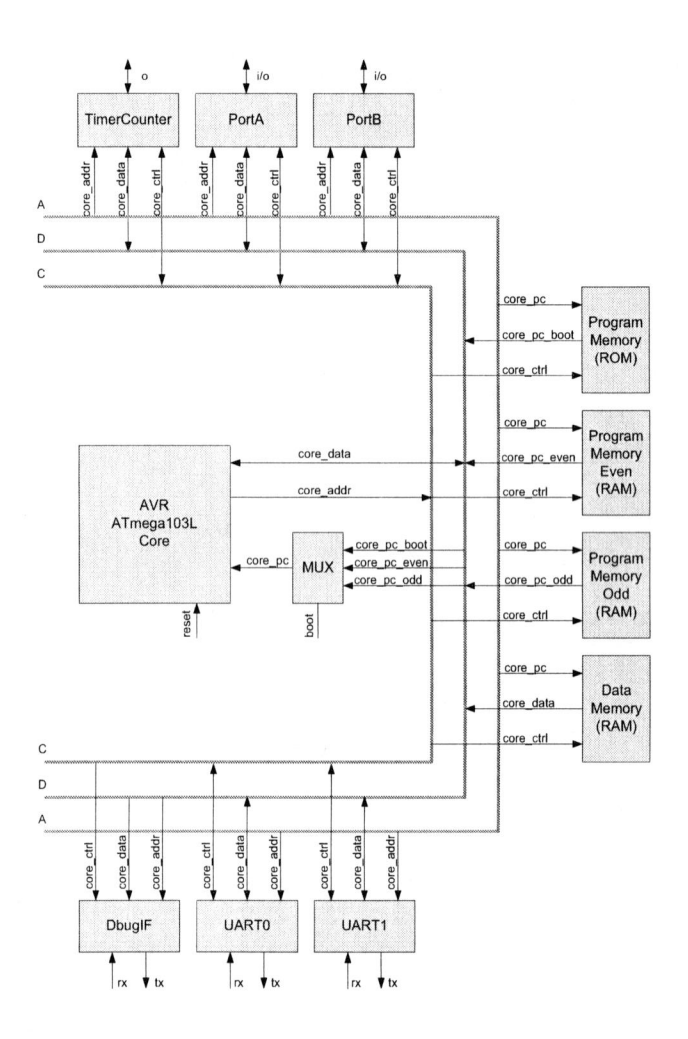

Abbildung 7.7: AVR Blockdiagramm mit Integration Debug Interface

KAPITEL 7. VERGLEICHENDE IMPLEMENTIERUNG AVR

7.2 Aufbau der Implementierung

In Abbildung 7.7 ist dargestellt, wie die Integration des *Debug-Interfaces* in den *Softcore Prozessor atmega103* durchgeführt wurde.

Der AVR ATmega103L Mikrokontroller besteht aus der *CPU*, einem *Timer/Counter*, *PORTA* und *PORTB*, *UART0* und *UART1*, dem *Debug-Interface*, dem Programmspeicher (ROM) für das Bootloading- Programm, einen Programmspeicher für gerade Adressen (RAM), einen Programmspeicher für ungerade Adressen(RAM) und einem Speicher für Daten (RAM).

Nach dem Reset des AVR wird der Maschinencode aus dem *ROM* abgearbeitet. Im *ROM* ist die Software für den *Bootloader* gespeichert. Dieser wird einmal während der Synthese mitsynthetisiert und während der Softwareentwicklung nicht mehr verändert. Falls dieses Programm Fehler aufweist, so muss der FPGA mit einem neuen *Bootloader-Hex-File* konfiguriert werden. Der *Bootloader* ist zuständig für das Nachladen von Anwendungsprogrammen in das FPGA beziehungsweise in die Speicher, die vom FPGA angesprochen werden. Da die Instruktionen des AVR 16 bit breit sind, werden die Instruktionen in das Programm-Memory geschrieben, das in dieser Implementierung als RAM ausgeführt ist. Es besteht aus geraden und ungeraden Adressen. Die BlockRAM Strukturen des FPGA's werden dadurch besser ausgenutzt. Daten wie Variablen werden im normalen RAM abgespeichert und können von der Software entsprechend verwendet werden.

Das *Debug-Interface*, Daten-RAM, Programm-RAM und ROM werden mit 48 Mhz getaktet. Für den AVR Core und die restliche Peripherie (UART, Timer, Ports) wird ein Takt mit 16 Mhz verwendet.

7.3 AVR Core

7.3.1 Allgemein

Der AVR-Core atmega103 ist bei der Organisation *www.opencores.org* kostenlos zu beziehen. Der *Softcore Mikroprozessor* ist kompatibel zum AVR atmega103, den die Firma Atmel herstellt. Dadurch können derselbe Befehlssatz und die gleichen Entwicklungstools verwendet werden, wie dies für die Atmel Familie der AVRs möglich ist. Der *Softcore Prozessor* hat nur geringe Einschränkungen gegenüber dem normalen Prozessor von Atmel:

KAPITEL 7. VERGLEICHENDE IMPLEMENTIERUNG AVR

- Core Einschränkung: Die Befehle *SLEEP* und *CLRWDT* werden nicht unterstützt. Das heißt, der Befehl für stromsparenden *Powerdownmodus* und der *Watchdog* sind nicht Bestandteil der Implementierung.

- Timer und Counter Einschränkungen: Bei *Timer1* und *Counter1* werden nicht alle *Output Capture Compare Register* unterstützt. Es wird nur *OCR1A*, nicht jedoch *OCR1B* verwendet. Weiters emuliert Timer0/Counter0 den asynchronen Modus (der atmega103 kann mit 2 separaten Clock-Quellen betrieben werden) und die Kommandos *SET* und *RESET* werden nicht unterstützt, die Funktion Output Compare und Pulsweitenmodulation jedoch schon. Mit diesen Befehlen können die Pins am Ausgang direkt gesetzt bzw. zurückgesetzt werden.

- Port-Einschränkungen: *PORTA* und *PORTB* können nur als Parallelports betrieben werden. Beim Originalprozessor haben diese Ports noch zusätzliche Sonderfunktionen, die über Register aktiviert werden können. So kann bei PORTA zum Beispiel die Funktion *Output Capture* oder *Pulsweitenmodulationsausgang* oder *externer Interrupt* ausgewählt werden.

Alle diese optionalen Funktionen werden durch den verwendeten Softcore nicht unterstützt. Diese stellen für die vorliegende Arbeit jedoch keine Einschränkungen dar.

Aufgrund der limitierten Ressourcen des verwendet *FPGA's* wurden nicht alle Komponenten des AVR-Core Modells synthetisiert. Im *top-level-degin-File (top avr core sim.vhd)* wurde angegeben, dass nur ein *UART* und ein *Timer* für die Synthese verwendet wird. Für die Überprüfung der Funktionalität des *Debug Interfaces* sind die zusätzlichen *Peripherals* nicht notwendig. Die Überprüfung der Funktionalität und Tests zur Performance können auch auf diese Weise durchgeführt werden.

Um auf dem AVR Core im FPGA eine Software laufen zu lassen, müssen einige Vorbereitungen getroffen werden. Es gibt 2 Möglichkeiten, um lauffähige Programme zu starten:

a) Die Installation eines Bootloaders auf dem AVR-Core. Die Programme werden über den UART downgeloadet und können nach dem Download gestartet werden.

KAPITEL 7. VERGLEICHENDE IMPLEMENTIERUNG AVR

b) Das lauffähige Programm wird in ein *HEX-File* umgewandelt und dieses in das ROM des AVR abgespeichert. Nun wird der Core synthetisiert. Anschließend ist die Software im FPGA bis zum nächsten Spannungsausfall beziehungsweise bis zur nächsten Neukonfiguration eingespeichert.

Da Variante (b) sehr zeitaufwendig und umständlich für die Entwicklung der Software ist, wurde nur die Variante (a) implementiert. Dadurch ist es möglich, dass ein schneller Programmwechsel durchgeführt wird und die Entwicklung der Software beschleunigt wird. Der AVR-Core muss für die Änderungen der Software nicht neu synthetisiert werden, es sind keine Synthesetools für die Programmierung nötig.

7.3.2 VHDL Implementierung

Das gesamte System wurde in *VHDL* implementiert. In diesem Abschnitt sind die wichtigsten Files angeführt, die für die Implementierung nötig waren.

avr core.vhd

Im File avr core.vhd befindet sich das Top-Level Design des AVR-Softcores.

alu avr.vhd

In diesem File wird die Hardware der arithmetischen logischen Einheit (ALU) des AVRs beschrieben.

bit processor.vhd

In diesem File sind einige Bitoperationen beschrieben, die vom AVR ausgeführt werden.

KAPITEL 7. VERGLEICHENDE IMPLEMENTIERUNG AVR

reg file.vhd

In diesem File ist die Beschreibung der General Purpose Register des AVR festgelegt. Die Register 0 bis 25 sind als 8-bit Register ausgeführt. Die Register 26,27 sowie 28,29 und 30,31 können zusätzlich als 16 bit Register für Adressierungen verwendet werden.

pm fetch dec.vhd

In diesem File ist das Kernstück des AVR Cores implementiert. Es besteht aus dem Befehlsdekodierer, Ansprechen von Speicher, I/O Schnittstellen und Erhöhen und Verändern der Programmcounters. Es werden alle Befehle, die vom AVR unterstützt werden dekodiert und der entsprechenden Verarbeitung zugeführt.

io reg file.vhd

In diesem File sind die internen I/O Register des AVR cores beschrieben. Diese Register stellen die speziellen Funktionsregister dar. So beinhaltet dieses File auch die Beschreibung von *SREG*, dem Statusregister, dem Stackpointer *SPH*, *SPL* mit einem Low und High Wert.

io adr dec.vhd

In diesem File ist der Adressdekoder und Datenbusmultiplexer für die internen I/O Register beschrieben.

top avr core sim.vhd

In diesem File befindet sich das Top-Level-Design des Mikrocontrollers. Es werden alle Peripherals - so auch das *Debug Interface* - und der AVR Core eingebunden. Durch das Verändern folgender *generics* kann das Design variiert werden:

- InsertWaitSt: Falls diese Variable auf *TRUE* gesetzt wird, werden interne Waitstates eingefügt.

KAPITEL 7. VERGLEICHENDE IMPLEMENTIERUNG AVR

- RAMBlocks: Diese Variable definiert die Anzahl der Block-RAMs für das interne SRAM. Die Anzahl wird mit 512 Byte multipliziert.
- FLASHBlocks: Diese Variable definiert die Anzahl der Block-RAMs für die Flash Emulation. Die Anzahl wird mit 512 Byte multipliziert.
- SecondUart: Falls ein zweiter UART verwendet wird, muss diese Variable auf *TRUE* gesetzt werden.
- UseTimer1: Falls Timer1 verwendet werden soll, muss diese Variable auf *TRUE* gesetzt werden.
- UsePORTD: Falls PORTD verwendet werden soll, muss diese Variable auf *TRUE* gesetzt werden.
- IRQVecMega: Falls dieser Wert auf *TRUE* gesetzt ist, wird das Interrupt Vektor Layout des Mega103L verwendet, sonst wird jenes des AVR8515 verwendet.

AVRuCPackage.vhd

In diesem File befinden sich die Konstanten- und Typendeklarationen.

external mux.vhd

In diesem File ist die Beschreibung des Datenbusmultiplexers beinhaltet.

RAMDataReg.vhd

In diesem File befindet sich die Beschreibung der Datenbusregister.

PROM.vhd

In diesem File befindet sich die Beschreibung des Programmspeichers.

KAPITEL 7. VERGLEICHENDE IMPLEMENTIERUNG AVR

DataRAM.vhd

In diesem File befindet sich die Beschreibung des RAMs.

portx.vhd

In diesem File sind die parallelen Ports *PORTA, DDRA, PINA* und *PORTB, DDRB, PINB* beschrieben.

Timer Counter.vhd

In diesem File findet man die Implementierung der Timer/Counter0 und Timer/Counter2. Die Timer bestehen aus Prescaler, Pulsweitenmodulationserzeugung, Output Compare Match Eigenschaften und Input Capture Möglichkeiten. Es sind 8- und 16 bit Timer vorgesehen.

uart.vhd

In diesem File ist die Implementierung des *UARTs* beschrieben.

simple timer.vhd

In diesem File ist ein einfacher 8-bit Timer beschrieben. Dieser Timer hat keine Prescaler-Funktionen und auch keine Match Möglichkeiten. Bei einem Überlauf kann ein Interrupt ausgelöst werden.

Service Module.vhd

In diesem File sind zusätzliche Control-Register beschrieben. So zum Beispiel das *MCUCR, MCUSR, XDIV, EIMSK, EIFR, EICR*.

KAPITEL 7. VERGLEICHENDE IMPLEMENTIERUNG AVR

CPUWaitGenerator.vhd

In diesem File ist die Beschreibung von zusätzlichen WAIT-States durchgeführt.

7.4 Debug-Interface

In Abbildung 7.8 ist das Blockschaltbild der Implementierung des Debug Interfaces dargestellt. Es besteht aus einem *UART* zur Kommunikation mit dem *Host-Device*, einer Sende- und Empfangsbufferung durch *FIFOs* und einem DebugIF-Control Element. Die Leitungen des Adress-Daten-Busses werden beobachtet und die Interrupteingänge überwacht. Weiters kann das Debug-Interface auch über Register-Schnittstellen bedient werden.

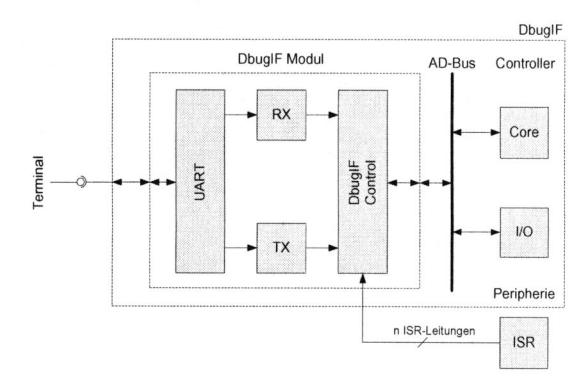

Abbildung 7.8: Blockschaltbild des Debug-Interfaces

Das Debug-Interface wird in vier Blöcke unterteilt:

a) *UART* - dieser Block ist für die serielle Datenübertragung zwischen der Hardware und dem PC vorgesehen. Die Empfangs- und die Sendeeinheit werden zur Verfügung gestellt. Mit einem Terminalprogramm am PC kann das Debug Interface parametriert werden. Die empfangenen Daten werden visualisiert.

KAPITEL 7. VERGLEICHENDE IMPLEMENTIERUNG AVR   121

b) RX - diese Einheit stellt die Empfangseinheit dar. Sie ist mit einer *Finite State Machine (FSM)* realisiert. Falls das *Control-Modul* des *Debug Interfaces* Daten versenden soll, so teilt es dies der Sendeeinheit mit einem Valid-Flag mit. Die Daten werden dann entsprechend dem Sendeprotokoll aufbereitet und durch den *UART* versendet.

c) TX - dieser Block stellt die Sende-Einheit dar und ist ebenfalls als eine *Finite State Machine (FSM)* realisiert. Die Daten werden in diesem Modul temporär zwischengespeichert. Wurden alle Daten vollständig eingelesen, so wird die *Control*-Einheit des *Debug-Interfaces* durch ein *Valid-Flag* benachrichtigt, dass gültige Daten vorhanden sind. Das verwendete Layer2-Protokoll wird in dieser Einheit durch die Hardware aufgelöst.

d) DebugIfControl - dies ist die zentrale Steuerlogik des *Debug-Interfaces*. In diesem Modul wird der Adress-Datenbus des *AVR Cores* beobachtet. Werden Daten über den Adress-Datenbus gesendet, die durch die Konfiguration des Debug Interfaces für die Beobachtung markiert wurden, so werden diese Informationen an die Sendeeinheit TX weitergegeben. In weiterer Folge ist es auch möglich, diese Informationen im Rahmen eines komplexen Triggers zu erfassen und Interrupts für den Prozessor zu generieren. Die gültigen Daten werden mit deinem *Valid-Flag* an die Sendeeinheit weitergeben, so dass diese informiert ist, dass die Daten weiterverarbeitet werden können

7.4.1 VHDL Implementierung

grpTxFiFo

Hier sind die *FIFOs* für das Senden der Daten über den UART definiert.

grpTx FSM

In diesem Unterverzeichnis ist die *Finite State Machine FSM* der Sendeeinheit beschrieben.

KAPITEL 7. VERGLEICHENDE IMPLEMENTIERUNG AVR

grpStrobesClocks

Diese Einheit beinhaltet einen *Edge Detector* für das Erkennen von fallenden und steigenden Flanken. Weiters ist auch ein StrobeGenerator inkludiert.

grpRS232 Uart

In diesem Verzeichnis ist die Empfangseinheit und die Sendeeinheit des *UARTs* beschrieben. Man kann bei dem verwendeten *UART* die *Baudrate* und die Parität einstellen.

grpPackages

Im Verzeichnis Packages ist das top-level-design des Debug Interfaces beschrieben. Hier ist die Kombination der verschiedenen *Entities* durchgeführt.

grpDbugIf

Hier ist das Kernstück des *Debug-Interfaces* - nämlich der Control Teil - beschrieben. Es werden jene Aktionen definiert, die ausgelöst werden, wenn bestimmte Ereignisse, wie zum Beispiel der Abarbeitung einer vorher definierten Instruktion an einer Stelle im Programm oder das Überschreiten von Zeiten, aufgetreten sind.

7.5 Laden der Software

Die Software kann über einen Bootloader in den Speicher geladen werden.

KAPITEL 7. VERGLEICHENDE IMPLEMENTIERUNG AVR

7.6 Beispielanwendung

Zur Analyse der Funktionalität des *Debug Interfaces* wurden einige Beispielanwendungen programmiert. Die Testsoftware simuliert ein Fehlverhalten, das durch das *Debug Interface* erkannt werden sollte. Es wurden Tests zur richtigen Erkennung der Überschreitung von Interruptlatenzzeiten und zum Profiling von Softwaredaten durchgeführt.

7.6.1 Interruptlatenzzeit

Für die Überprüfung der korrekten Funktion des *Debug Tools* wurden der Timerinterrupt und der externe Interrupt ausgewählt. Der externe Interrupt hat beim AVR eine höhere Priorität als der Timerinterrupt. Dies ist durch die Hardware vorgegeben und kann nicht durch Konfiguration verändert werden. Wird ein Interrupt ausgelöst, wird automatisch das globale *Interruptflag* deaktiviert, wodurch eine Unterbrechung durch andere Interrupts nicht möglich ist. Durch Setzen des globalen *Interruptflags* während der Interruptserviceroutine können Interrupts wieder unterbrechbar gemacht werden. Dies wurde jedoch in diesem Beispiel bewusst nicht durchgeführt, um ein Überschreiten der Latenzzeit häufig beobachtbar zu machen. In dem ausgewählten Beispiel werden die Interruptlatenzzeiten vom Auftreten des Ereignisses bis zum Auslösen des Interrupts aufgezeichnet und überprüft. Beim externen Interrupt ist das Ereignis für das Auslösen des Interrupts, der Wechsel der Flanke des Portpins von High auf Low, beim Timer ist es der Überlauf des Timers von 0xff auf 00.

In Abbildung 7.9 ist das grafische Benutzerinterface für das Konfigurieren des *Debug Interfaces* gezeigt.

Rechts unten kann die serielle Schnittstelle ausgewählt werden, mit der der PC mit dem Debug Interface am FPGA verbunden ist und konfiguriert werden kann. Im oberen Bereich befinden sich 3 unterschiedliche Konfigurationstypen zur Auswahl. Es können Interrupts, Programmspeicher oder RAM-Speicher Adressen für die Überprüfung ausgewählt werden. Im Fenster *Messages Output* links unten werden die Telegramme, die vom PC zum *Debug Interface* gesendet werden, aufgezeichnet. Im Fenster rechts daneben *Messages Input* werden die Meldungen vom *Debug Interface* aufgezeichnet.

In dem Beispiel wurde das *Debug Interface* so konfiguriert, dass der Zeitpunkt für das Auslösen des Ereignisses protokolliert und an den PC gesendet wird. Dort

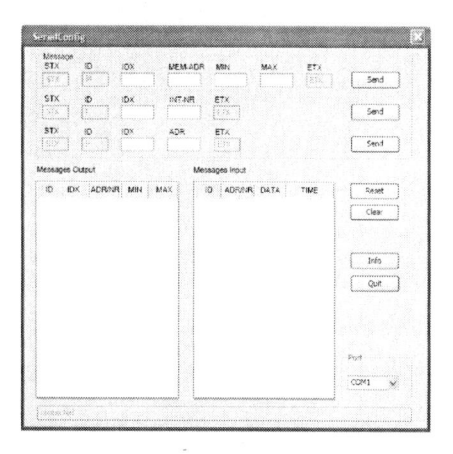

KAPITEL 7. VERGLEICHENDE IMPLEMENTIERUNG AVR 124

Abbildung 7.9: Einstellmöglichkeiten des Debug Interfaces durch das PC-Tool [LKSN05]

wird es an der grafischen Benutzeroberfläche angezeigt. Weiters wird das tatsächliche Abarbeiten des Interrupts, definiert durch das Abarbeiten der Instruktion an der jeweiligen Programmcounteradresse, in gleicher Weise protokolliert und an der Benutzeroberfläche dargestellt. Bei beiden Einträgen wird der Zeitstempel eingetragen für das Nachvollziehen der Ereignisse.

Nachfolgend sind die Ergebnisse des externen Interrupts dargestellt. In Abbildung 7.10 ist rechts unten im Fenster *Messages Input* das Ergebnis der Messungen zu sehen. Der erste Interrupt wurde durch die Hardware nach 1048 Zyklen ausgelöst (vergleiche Zeile 1 im Fenster *Messages Input*). Die eigentliche Verarbeitung durch die Interruptserviceroutine wird nach 1105 Zyklen durchgeführt (siehe Zeile 2 im Fenster *Messages Input*). Das zweite Auslösen des Interrupts durch die Hardware erfolgt nach 2835 Zyklen (vergleiche Zeile 3 im Fenster *Messages Input*). Die eigentliche Verarbeitung durch die Interruptserviceroutine wird nach 2842 Zyklen begonnen (Zeile 4 im Fenster *Messages Input*).

Im ersten Beispiel ist die Latenzzeit zwischen Auftreten des Ereignisses und Abarbeiten des Interrupts 57 Zyklen (1105 - 1048). Im zweiten Fall ist die Latenzzeit nur 7 Zyklen (2842 - 2835).

KAPITEL 7. VERGLEICHENDE IMPLEMENTIERUNG AVR 125

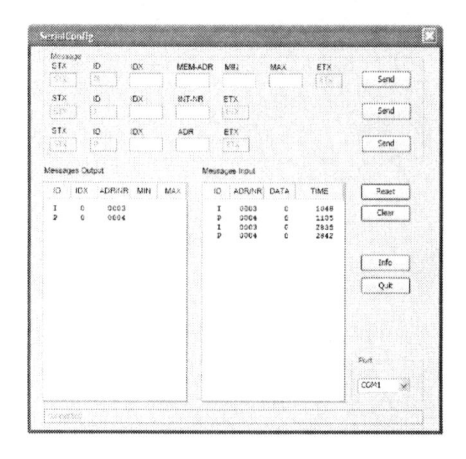

Abbildung 7.10: GUI Debug Tool [LKSN05]

Die Ursache für die unterschiedlich langen Latenzzeiten für das tatsächliche Ausführen der Interruptserviceroutine ist das Sperren des Interrupts durch die Software. Während das globale Interruptflag deaktiviert ist, kann kein weiterer Interrupt ausgelöst werden. In dem hier vorliegenden Fall führt dies dazu, dass der Jitter zwischen 7 und 57 Zyklen lange dauert. Durch diese langen und für das Programm als zufällig erscheinenden Zeitdifferenzen können für Regelungsalgorithmen schwerwiegende Probleme verursacht werden. Falls die Ursachen für Fehler der Regelung durch die oben beschriebenen Verhalten begründet sind, können diese nun durch das *Debug Tool* erkannt und ausgebessert werden. Durch bisherige *Debug*-Methoden war es nicht möglich, die Kombination von Ereignis und Ausführen des Ereignisses exakt anzugeben oder abzuschätzen. Das eigentliche Ereignis für das Auftreten des Interrupts - also das Wechseln der Flanke von High auf Low wurde nicht betrachtet.[LKSN05]

7.6.2 Profiling

Eine weitere Beispielanwendung ist das Profiling von Softwareabschnitten. Die Laufzeit von Interrupts, von Tasks oder anderen Softwareteilen gibt Aufschluss über korrekte und gute Implementierung der Software. Falls zum Beispiel ein

KAPITEL 7. VERGLEICHENDE IMPLEMENTIERUNG AVR 126

Treiber für eine serielle Schnittstelle fast die kompletten Systemressourcen eines Prozessors aufbraucht, so ist dies nicht günstig. Wahrscheinlich kann durch besseres Softwaredesign oder eine kompaktere Implementierung das Systemverhalten verbessert werden. Um überhaupt die Verbesserung in Angriff zu nehmen, muss aber vorher bekannt sein, dass der serielle Treiber zu viele Ressourcen benötigt. In diesem Fall kann das *Debug Tool* unterstützen, weil definierte Programmteile beobachtet werden und anschließend das Verhältnis Abarbeitungszeit für den Programmteil im Vergleich zur restlichen Abarbeitung angezeigt wird.

In unserem Beispiel wurde das Abarbeiten des Timerinterrupts und des externen Interrupts gegenüber dem Hauptprogramm geprüft. Das Hauptprogramm bestand aus einer Endlos-Schleife, die keine weitere Funktion hatte. Die beiden Interrupts bestanden nur aus dem Auftreten des Interrupts, das Inkrementieren einer Variablen im Interrupt und dem Beenden des Interrupts. Der Timer war mit einer Wiederholrate von 256 Zyklen konfiguriert.

```
1
2
3   #include <inttypes.h>
4   #include <avr/io.h>
5   #include <avr/signal.h>
6
7   uint8_t c, d;
8
9   SIGNAL ( SIG_INTERRUPT0 )
10  {
11      c++;
12  }
13
14  SIGNAL ( SIG_OVERFLOW0 )
15  {
16      d++;
17  }
18
19  int main ( void )
20  {
21      EIMSK |= 0x01;        /* enable extint0 */
22      EICRA |= 0x02 ;       /* extint0 sensitiv on falling edge */
23      TCCR = 0x01;          /* Run Timer, No Prescaler */
24      TIMSK = 0x01;         /* Timer0 Overflow enable */
25      __asm__ ("SEI");
26      for ( ; ; )
27          ;
28  }
```

Listing 7.1: C-Code für Profiling Test [Lan05]

Alle Programme wurden in der Programmiersprache C geschrieben, wodurch das Sichern und Rücksichern der Register durch den Compiler zusätzlich ausgeführt

KAPITEL 7. VERGLEICHENDE IMPLEMENTIERUNG AVR

wurden. In untenstehendem Listing ist die Auflösung des C-Programmes in Assembler dargestellt. Die Profilingdaten wurden in einer Zeitspanne aufgezeichnet, in der 100 Timer-Interrupts ausgelöst wurden.

```
 1
 2
 3  8: main .c  ****    SIGNAL ( SIG_INTERRUPT0 )
 4  9: main .c  ****    {
 5  65 0000 1 F92       push __zero_reg__
 6  66 0002 0 F92       push __tmp_reg__
 7  67 0004 0 FB6       in __tmp_reg__ , __SREG__
 8  68 0006 0 F92       push __tmp_reg__
 9  69 0008 1124        clr __zero_reg__
10  70 000 a 8 F93      push r24
11  10: main .c  ****   c ++;
12  74 000 c 8091 0000  lds r24 ,c
13  75 0010 8 F5F       subi r24 ,lo8 ( -(1))
14  76 0012 8093 0000   sts c,r24
15  12: main .c  ****   }
```

Listing 7.2: Assembler Code für Profiling Test [Lan05]

Folgende Messergebnisse wurden beim Profiling erzielt: Der Timerinterrupt wurde immer nach 256 Zyklen ausgelöst und beanspruchte 34 Zyklen, d.h. der Softwareteil des Timers beanspruchte 13 Prozent der Gesamtprozessorleistung. Durch Optimierung des Programms in Assembler (die Push und Pop Operationen wurden entfernt, da die Register im Interrupt nicht benötig wurden), konnte eine Reduktion der reinen Softwareabarbeitung von 34 auf 5 Zyklen durchgeführt werden. Dies entspricht einer Auslastung von 2 Prozent.

Hier zusammengefasst die Messergebnisse im Mittel für die Interruptserviceroutine in C:

- Hauptprogramm: 214 Zyklen = 84 Prozent,
- Interruptserviceroutine (Software C): 34 Zyklen = 13 Prozent,
- Interruptserviceroutine (Hardware): 8 Zyklen = 3 Prozent.

Nachfolgend sind die Messergebnisse für die Interruptserviceroutine in Assembler:

- Hauptprogramm: 243 Zyklen = 95 Prozent,
- Interruptserviceroutine (Software Assembler): 5 Zyklen = 2 Prozent,
- Interruptserviceroutine (Hardware): 8 Zyklen = 3 Prozent

KAPITEL 7. VERGLEICHENDE IMPLEMENTIERUNG AVR

Mit Hilfe des *Debug Tools* können Profiling Messungen durchgeführt werden, die das System nicht beeinflussen. Die Zeiten für die Interrupt-Hardware Latenzzeit kann mit herkömmlichen Debug Methoden nicht gemessen werden, ist aber wie dieses Beispiel gezeigt hat, nicht zu vernachlässigen. Bei *Embedded Systems*, die an der Grenze Ihre Leistungsfähigkeit arbeiten, sind die Methoden des präsentierten *Debug Tools* für die Fehlersuche gut geeignet. Der einzige Nachteil bei der Implementierung war der relativ hohe Platzverbrauch am FPGA, um das *Debug Interface* zu integrieren. Es wurden bis zu 50 Prozent der Chipfläche benötigt.

7.7 Zusammenfassung

In diesem Kapitel wurde eine Implementierung des *Embedded Debug Tools* anhand des Prozessors AVR atmega 103 durchgeführt. Die wesentlichen und zeitkritischen Teile des *Debug Tools* wurden untersucht und einer kritischen Analyse unterzogen. Dabei hat sich herausgestellt, dass das *Debug Tool* die gestellten Anforderungen erfüllt. Sowohl zeitkritische Messungen als auch Profiling durch das *Debug Tool* haben gezeigt, dass die vorgestellte Lösung gut für komplexe Debug-Aufgaben geeignet ist. Ein Nachteil in der Implementierung ist der relativ große Platzverbrauch des *Debug Interface*. Je nach Konfiguration und Abfrage von vielen parallelen Vergleichern und Verknüpfungen ist die Größe des Debug Tools an die Grenzen des verwendeten FPGAs gestoßen.

8 Vergleichende Implementierung LatticeMico32

In diesem Kapitel wird die Implementierung des *Debug Interfaces* auf einem *FPGA* der Firma Lattice Semiconductor in Kombination mit dem 32-Bit Prozessor *LatticeMico32* vorgestellt. Als Testplattform wird die Hardware Plattform *HPEmini* der Firma Gleichmann Electronics verwendet. Der Prozessor *LatticeMico32* besitzt eine 6-stufige Befehlspipeline. Bei den Testimplementierungen wurde der Prozessor mit und ohne Cache konfiguriert. Die Ergebnisse der Implementierung zeigten, dass das *Debug Interface* auch bei komplexen Prozessoren mit Cache eingesetzt werden kann. Der Integrationsaufwand war höher, als bei einem einfacheren 8-Bit Prozessor, da das Tracing der Instruktionen direkt über die *Execution Stage* der Befehlspipeline durchgeführt werden musste. Nicht alle Instruktionen, die in die Pipeline geladenen werden, werden auch ausgeführt.

8.1 Testplattform

Das *HPE mini* ist eine Hardwareplattform der Firma Gleichmann Research. Das Herzstück ist ein *FPGA* der Firma *Lattice*. Auf der Platine sind folgende Schnittstellen ausgeführt, die direkt mit Leitungen an das FPGA angebunden sind, sodass die Ansteuerung durch eine Implementierung *on-Chip* möglich ist:

- USB,
- Ethernet,
- Digital Analog Konverter,
- Serielle Schnittstellen,
- Parallele Schnittstellen,
- VGA Schnittstelle zum Anschluss eines Monitors.

KAPITEL 8. VERGLEICHENDE IMPLEMENTIERUNG LATTICEMICO32   130

Die Stromversorgung der Platine ist für eine Spannung von 5 Volt und einem Strom bis zu 2000 mA dimensioniert. [Sam07]

In Abbildung 8.1 ist das Blockschaltbild des Entwicklungsboards dargestellt. Zusätzlich zu den oben erwähnten Schnittstellen des FPGAs sind an den parallelen Schnittstellen Userausgaben über zwei 7-Segementanzeigen, 8 Leuchtdioden und einem LCD Display vorgesehen. Für Eingaben stehen dem Benutzer 4 Dip-Switches, ein Tastaturfeld mit einer Matrix von 3x4 sowie zwei zusätzlichen Tastern zur Verfügung.

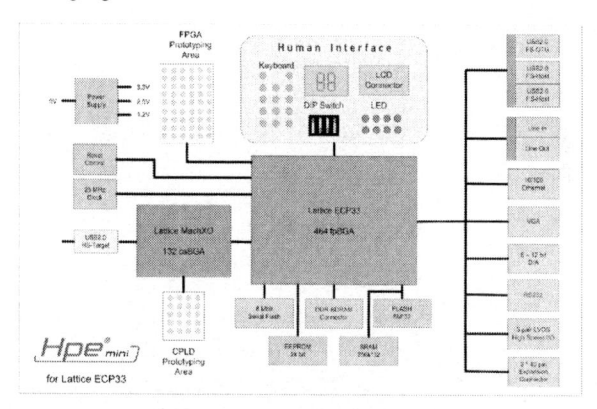

Abbildung 8.1: Blockschaltbild HPEMini [Sam07]

In Abbildung 8.1 ist das Board HPEMini mit einer Beschreibung und Platzierung der Schnittstellen dargestellt.

8.2 FPGA Lattice Semiconductor

Die Implementierung des Softcore Prozessors erfolgte in einem *FPGA* der Firma Lattice Semiconductor. In diesem FPGA wurden neben dem Prozessor die Debug Einheit und die notwendige Peripherie für die Tests zur Analyse implementiert. Der verwendete *FPGA* hat die Typenbezeichnung ECP2M50 [LS07]. Er besteht aus 48000 LUTs, 225 sysMEM Blöcke zu 18kB, hat 4147 kBit Embedded Memory und 101 KBit Distributed Memory. Maximal können 410 Input-Output Leitungen verwendet werden.

Abbildung 8.2: Abbildung HPEMini [Sam07]

KAPITEL 8. VERGLEICHENDE IMPLEMENTIERUNG LATTICEMICO32

8.3 Prozessor Lattice Mico32

Der Softcore-Prozessor LatticeMico32 wird von der Firma Lattice angeboten, um *Systems-On-Chip* rasch zu entwickeln. Der Prozessor wird von Lattice kostenlos zur Verfügung gestellt und kann bei Lattice FPGAs eingesetzt werden. Der *LatticeMico32* kombiniert ein 32-Bit-großes Instruktionsset mit 32 *General Purpose Registers*. Bei diesem Prozessor sind Programmspeicher und Datenspeicher getrennt, das heißt er ist in einer Harvard Architektur aufgebaut. Die Abarbeitung der Befehle kann aufgrund des unterschiedlichen Zugriffes auf Daten und Programme innerhalb eines Zyklus durchgeführt werden. Der Befehlssatz ist einfach gestaltet und in einer Reduced Instruction Set Computer (RISC) Architektur implementiert. Der Prozessor ist durch folgende Eckdaten gekennzeichnet:

- RISC Architektur,
- 32-Bit Datenpfad,
- 32-Bit Befehle,
- 32 General Purpose Register,
- Bis zu 32 externe Interrupts,
- Optionaler Befehls-Cache,
- Optionaler Daten-Cache,
- Dual WISHBONE Speicher Interface (Instruktionen und Daten).

In Abbildung 8.3 ist das Blockschaltbild des LatticeMico32 dargestellt.

Für die Beschleunigung der Entwicklung werden zusätzlich zum *Softcore-Prozessor LatticeMico32* auch Bibliotheken für oft verwendete Peripheriekomponenten zur Verfügung gestellt ([LS06f], [LS06b], [LS06a], [LS06c], [LS06d], [LS06e], [LS06g], [LS06h], [LS06j], [LS06i], [Her03]). Diese Komponenten werden an den Prozessor über den *WISHBONE-Bus* angeschlossen. Das *Debug Interface* wird auch über dieses Businterface an den Prozessor angeschlossen. Die *WISHBONE* Spezifikation ist ein *Open-Source* Projekt und kann frei verwendet werden. Diese Komponenten beinhalten:

- Memory Controller für asynchrones *SRAM* und *Double Data Rate (DDR) RAM*,
- 32 Bit Timer,

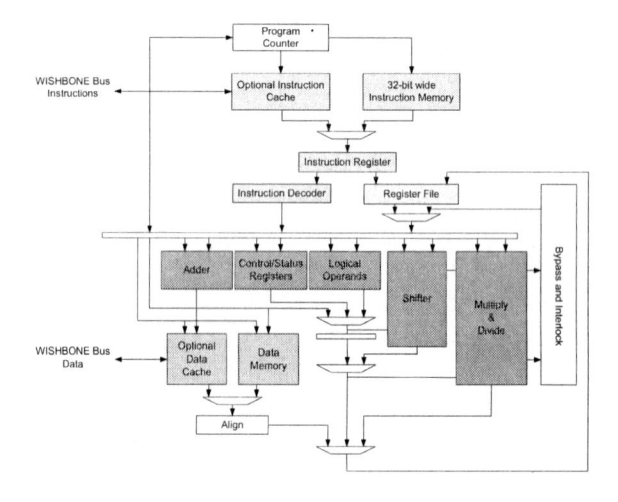

KAPITEL 8. VERGLEICHENDE IMPLEMENTIERUNG LATTICEMICO32

Abbildung 8.3: Blockschaltbild LatticeMico32 [Lat]

KAPITEL 8. VERGLEICHENDE IMPLEMENTIERUNG LATTICEMICO32

- Direct Memory Access (DMA) Controller,
- General Purpose IO (GPIO),
- I2C Master Controller,
- Serial Peripheral Interface (SPI),
- Universal Asynchronous Receiver Transmitter (UART).

In Abbildung 8.4 ist ein Embedded System mit dem LatticeMico32 dargestellt. Das Debug-Interface kann ebenso in den *WISHBONE* Bus integriert werden und beobachtet die Zustände des Prozessors. Das heißt, Speicherzugriffe auf das RAM und ROM sowie die Interruptleitungen werden überwacht.

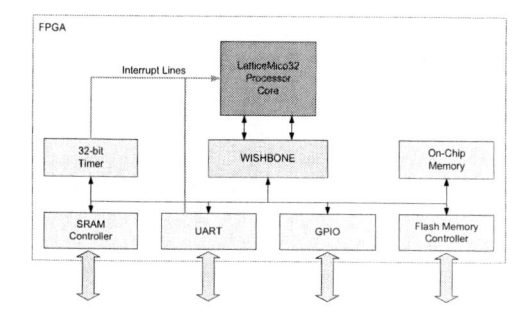

Abbildung 8.4: Embedded System mit LatticeMico32

Der *LatticeMico32* besitzt eine Pipeline-Architektur mit 6 Stufen. Dadurch können die Instruktionen sehr effektiv in einem Zyklus bearbeitet werden. Die *Interlock-Logik* erkennt Fehler, die durch sofortiges Lesen nach dem Schreiben

KAPITEL 8. VERGLEICHENDE IMPLEMENTIERUNG LATTICEMICO32

durch die Pipeline auftreten würden. Die *Pipeline* wird gelöscht bis die Fehler beseitigt sind. Das verhindert das sonst notwendige Einfügen von *NOP*-Befehlen zwischen von einander abhängigen Befehlen, wie dies bei anderen Prozessoren der Fall ist. Weiters wird auch die Code-Größe dadurch vermindert und die Assembler-Programmierung vereinfacht.

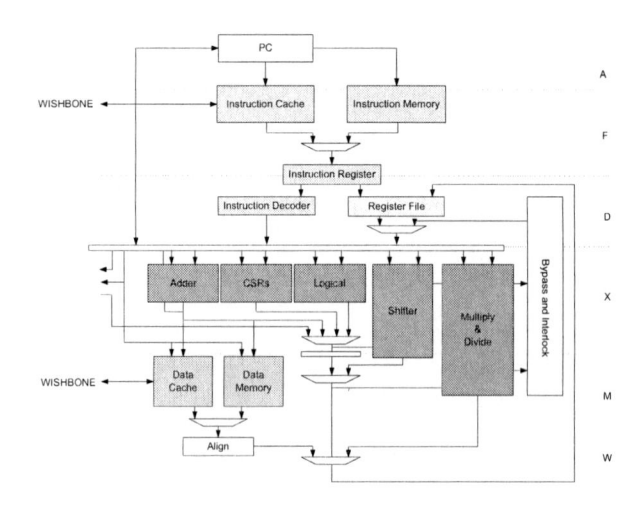

Abbildung 8.5: Blockschaltbild LatticeMico32 [Lat]

Die 6 Stufen der Pipeline sind in Abbildung 8.5 dargestellt und hier erklärt:

- Address: Die Adresse der zu verarbeitenden Instruktion wird berechnet und an den *instruction cache* gesendet.

- *Fetch*: Die Instruktion wird vom Speicher gelesen.

- *Decode*: Die Instruktion wird decodiert und die Operanden werden entweder vom Register File gelesen oder an der Pipeline vorbeigeleitet.

- *Execute*: Die Operation, die durch die Instruktion vorgegeben wird, wird ausgeführt. Für einfache Operationen wie Addition oder logische Operatio-

KAPITEL 8. VERGLEICHENDE IMPLEMENTIERUNG LATTICEMICO32

nen ist der Ablauf hier zu Ende. Das Ergebnis wird durch *Bypassing* zur Verfügung gestellt.

- *Memory*: Für komplizierte Befehle wie Laden, Speichern, Multiplizieren ist eine zweite Stufe für das *Pipelining* vorgesehen
- *Writeback*: Ergebnisse, die durch die Operationen erzeugt wurden, werden in das Registerfile zurückgeschrieben.

8.3.1 Cache

Der *LatticeMico32* kann mit einem *Cache* ausgestattet werden. Lattice unterstützt unterschiedliche Konfigurationsmodi. So kann der Cache mit 0, 1, 2, 4, 8, 16 oder 32kByte konfiguriert werden. Der Cache ist als *Set-Associative-Cache* ausgeführt. Die Anzahl der Sets kann zwischen 128, 256, 512, oder 1024 variieren. Es ist möglich, dass der Cache als *Direct-Mapped-Cache* oder *2-Way-Associative Cache* ausgeführt ist. Die Cachegröße pro Zeile kann zwischen 4, 8 oder 16 Byte variieren. Der Cache ist als *Write-Through Cache* ausgeführt. Das heißt: Bei jedem Schreibzugriff wird der Cacheinhalt und der Speicherinhalt aktualisiert. Der Cache hat seine Vorteile daher nur bei Lesezugriffe. *Snoop*-Architekturen und -Protokolle, die eine *Cache-Inkohärenz* verhindern, sind nicht implementiert. Der Software-Entwickler muss bei Verwendung von anderen Peripherieeinheiten, wie *DMA Controller* oder einem weiteren Prozessor dafür sorgen, dass es zu keiner *Cache-Inkohärenz* kommt.

8.4 Debug Support Unit

Der Prozessor *LatticeMico32* ist mit einer *Debug Support Unit* ausgestattet. Damit können die Zustände des Prozessors überwacht und verändert werden. Die *Debug Support Unit* wird für *Stopp Mode Debugging* eingesetzt. Die Debug Architektur unterstützt folgende Funktionalitäten:

- Software Breakpoints,
- Hardware Breakpoints,
- Hardware Watchpoints,
- Single Step Debugging,

KAPITEL 8. VERGLEICHENDE IMPLEMENTIERUNG LATTICEMICO32

- Ummappen des Exception Handlers während des Debugging,
- Hardware Unterstützung für Debugging während des Interrupts.

Die Debug Einheit kann über eine JTAG Schnittstelle oder eine serielle Schnittstelle bedient werden und bietet die Grundlage für klassisches *Stopp Mode Debugging*. [Lat]

8.5 Interrupts und Traps

Der Prozessor *LatticeMico32* unterstützt synchrone und asynchrone Ausnahmeverarbeitungen, also Interrupts und Traps. Er kann 8 unterschiedliche Ausnahmeverarbeitungen durchführen, die in der nachfolgenden Aufzählung nach Priorität geordnet sind:

- Reset,
- Breakpoint,
- InstructionBusError,
- Watchpoint,
- DataBusError,
- DivideByZero,
- Interrupt,
- SystemCall

Die Ausnahmeverarbeitung findet in der Execution Stage der Pipeline statt. Falls eine Instruktion in der Memory Pipeline Stage vorhanden ist, so wird die Instruktion vorher noch zu Ende geführt, bevor die Ausnahmeverarbeitung startet. Alle Instruktionen in der Pipeline werden gelöscht, um fehlerhafte Zustände zu vermeiden. Das Verschachteln von *Exceptions* ist durch die Hardware auf 2 Ebenen beschränkt. Jede weitere Verschachtelung muss durch die Software durchgeführt werden. Der Prozessor unterstützt bis zu 32 maskierbare Interrupts, die alle über ein globales Interruptflag und ein dem jeweiligen Interrupt zugeordnetes Interruptflag aktivierbar sind. [Lat]

8.6 Integration Debug Interface

In Abbildung 8.6 ist die Integration des *Debug Interfaces* in den LatticeMico32 dargestellt.

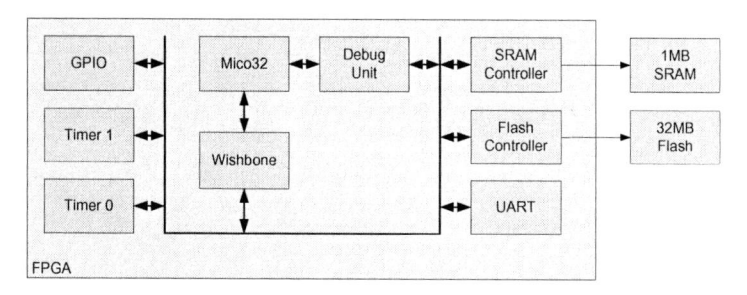

Abbildung 8.6: Schematische Übersicht LatticeMico32 und Debug Interface

Das *Debug Interface* besitzt 3 Schnittstellen, eine zur CPU, eine zum Systembus und eine zum Interruptbus. Die Schnittstelle zur CPU dient zur Überwachung des *Program Counters*. Am Systembus findet neben der Überwachung der Bustransaktionen auch die Konfiguration des *Debug-Interfaces* statt. Am Systembus sind *Peripherals* wie *Timer, General Purpose Input Output (GPIO), Universal Asynchronous Receiver Transmitter (UART), Flash-Controller* und der *SRAM-Controller* angeschlossen. Der Datenaustausch von allen diesen Komponenten wird durch das *Debug-Interface* überwacht.

Die Konfiguration des *Debug-Interfaces* erfolgt über Register, die über den Systembus konfiguriert werden. Die Konfiguration erfolgt durch die Software, die am LatticeMico32 abgearbeitet wird. Damit ist bei dieser vergleichenden Implementierung *Selfdebugging* möglich.

Der *Interruptbus* setzt sich aus den jeweiligen *Interruptleitungen* der einzelnen Peripherieeinheiten zusammen, die an den *Interruptcontroller*, der in der CPU integriert ist, angeschlossen sind. Durch die Überwachung des *Interruptbusses* werden die Ereignisse, die Interrupts auslösen, überwacht.

In Abbildung 8.7 ist das detaillierte Blockschaltbild der Einbettung der *Debug-Hardware* zu sehen. Mehrere Leitungen der Pipeline werden vom *Debug Interface* für die korrekte Überwachung des *Programm Counters* benötigt.

KAPITEL 8. VERGLEICHENDE IMPLEMENTIERUNG LATTICEMICO32 139

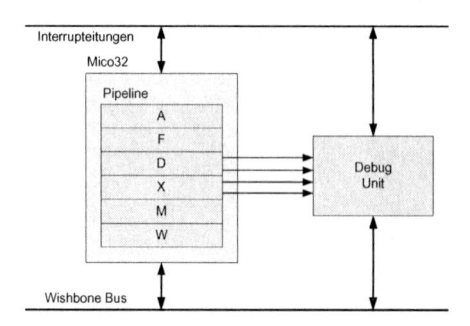

Abbildung 8.7: Schematische Übersicht LatticeMico32 und Debug Interface

8.6.1 Programm Counter Überwachung

Aufgrund der 6-stufigen Pipeline des LatticeMico32 muss der *Programm Counter* direkt in der X-Stage (Ausführungsstufe) überwacht werden. Der Aufwand für die Überwachung des *Programm Counters* steigt bei Prozessoren mit *Pipeline* erheblich an.

Im normalen sequentiellen Betrieb liegt nach jedem Takt ein neuer *Programm Counter* in der X-Stage an und kann durch die *Debug-Hardware* ausgelesen werden. Bei Sprüngen, Cache Misses oder wenn ein Befehl länger als einen Zyklus braucht, ändert sich dieses Verhalten.

Daher reicht die alleinige Überprüfung des *Programm Counters* nicht aus, um nur jene Befehle zu triggern die auch tatsächlich ausgeführt werden. Es müssen zusätzlich die Signale *Valid x*, *Kill x* und *Stall x* aus der Pipeline des LatticeMico32 ausgewertet und das Verhalten der Pipeline implementiert werden. Die Signale haben folgende Bedeutung:

- Valid x: Dieses Signal zeigt an, ob der Befehl gültig ist. Das heißt er wurde richtig decodiert und muss nicht aufgrund eines Sprunges aus der Pipeline entfernt werden.

- Kill x: Dieses Signal zeigt an, dass die Pipeline aufgrund eines Sprunges oder wegen Wiederbefüllens des Daten Caches geleert werden muss.

- Stall x: Dieses Signal zeigt an, dass ein Befehl in einer nachfolgenden oder vorherigen Pipelinestufe länger als einen Zyklus in der jeweiligen Stufe benötigt. Beispielsweise durch Wiederbefüllen des *Instruction Caches* oder wenn bei einem Speicherzugriff der Bus belegt ist.

Ein gültiger *Programm Counter* darf nur dann getriggert werden, wenn die Bedingung *valid x* gültig und *stall x* sowie *kill x* ungültig sind.

8.6.2 Speicherzugriff Überwachung

Beim verwendeten System werden alle Peripheriegeräte und Speicher linear im Adressbereich des Prozessors abgebildet. Dadurch können alle Zugriffe, ob Speicher oder Peripherie, durch Überwachen des *Wishbone-* Busses erkannt werden. Allerdings stößt man hier wiederum auf dieselbe Problematik wie bei der Überwachung des *Programm Counters*. Durch die verschiedenen Transferarten und das *Handshake-Protokoll* müssen alle Zustände des Busses berücksichtigt und eine vollständige *Slave-Schnittstelle* in der *Debug-Einheit* implementiert werden.

8.6.3 Interrupt Überwachung

Die Interruptleitungen werden abgehört und müssen nicht speziell vorverarbeitet werden. Ein Interrupt wird dann erkannt, wenn der Pegel der jeweiligen Interrupt-Leitung auf *High* gesetzt wird. Nach dem Interrupt wird dieser Pegel durch die Software auf *Low* zurückgesetzt. Für die Erkennung von Interrupts werden daher nur die steigende Flanke und keine Pegel ausgewertet.

8.7 Beispielanwendungen

Nachdem das *Debug-Interface* in den LatticeMico32 erfolgreich integriert werden konnte, wurden mehrere Beispielanwendungen geschrieben, um die Funktion des *Debug-Interfaces* zu prüfen. Die wichtigsten Ergebnisse und der Aufbau der Testbeispiele werden in diesem Abschnitt erklärt.

KAPITEL 8. VERGLEICHENDE IMPLEMENTIERUNG LATTICEMICO32 141

8.7.1 Aufbau der Messungen

Zur Überprüfung der Funktion des *Debug-Interfaces* wurden Beispielprogramme in *C* für den *LatticeMico32* geschrieben. Für die Messung wurden die Register, des *Debug-Interfaces* und die Speicherbereiche des RAMs untersucht. An einem *Port-Pin* wurden zusätzlich in der Testsoftware Signale ausgegeben, um mit einem Oszilloskop die Messungen verifizieren zu können. In Abbildung 8.8 sind diese Komponenten dargestellt.

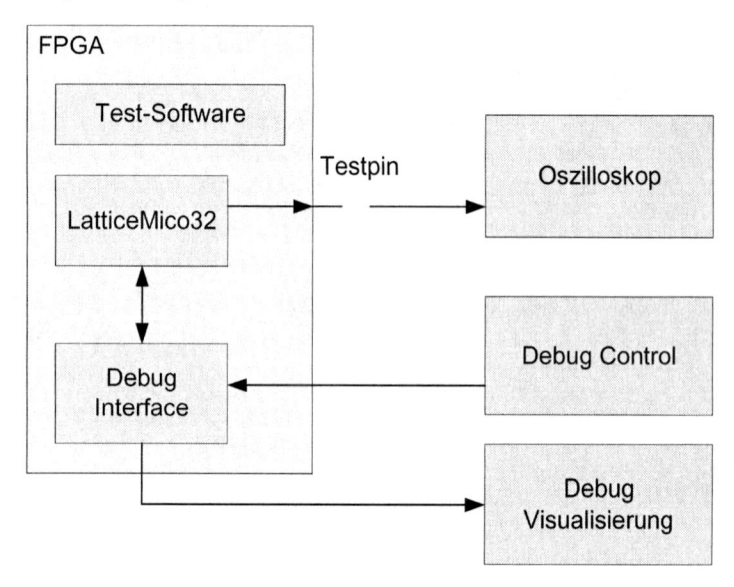

Abbildung 8.8: Messaufbau LatticeMico32

Der Takt der CPU beträgt für alle Messungen 25 MHz. Gemessen werden Latenzzeiten beim Auftreten von *Interrupts*. Der Aufbau der Triggerdaten besteht aus folgenden fünf Feldern:

- ID: Das ist die Identifikationsnummer des Triggertyps und der Index des *Interrupts* innerhalb der Triggergruppe.

KAPITEL 8. VERGLEICHENDE IMPLEMENTIERUNG LATTICEMICO32   142

- PC: Program Counter, welcher zum Zeitpunkt des *Interrupts* gültig ist und ausgeführt wird (X-Stage).
- Addr: Adresse die zum Zeitpunkt des *Interrupt* am Bus anliegt. Falls keine gültige Bustransaktion stattfindet wird 0xffffffff ausgegeben.
- Data: Daten die zum Zeitpunkt des *Interrupts* am Bus anliegen. Falls keine gültige Bustransaktion stattfindet wird 0xffffffff zurückgegeben.
- Time: 32-Bit Zeitstempel.

8.7.2 Speicher- und Programm Counter Zugriff

Bei der ersten Messung des *Debug Interfaces* wird ein Pin des Prozessors angesteuert. In einem Intervall von 1 ms wechselt dieser seinen Zustand von 0 auf 1 und von 1 auf 0. Dazu wurde folgendes Programm geschrieben:

```
// set program counter which should assert the trigger

pDbIfCtx->PcArray[0] = 0x04000fcc;   // for init debug interface
dbif_setpc(pDbIfCtx, 0);             // for init debug interface
pDbIfCtx->PcArray[1] = 0x04000fe4;   // for init debug interface
dbif_setpc(pDbIfCtx, 1);             // for init debug interface

// reset timer of debug interface
dbif_restimer();

// turn on timer of debug interface
dbif_entimer();

// write to the gpio port
*((volatile unsigned int *)(leds->base)) = 0xf6;

// wait some time
MicoSleepMilliSecs(1);

// write to the gpio port
*((volatile unsigned int *)(leds->base)) = 0xff;
```

Listing 8.1: C-Code für Test LatticeMico32

Das entsprechende Assemblerlisting mit zusätzlich eingefügten Kommentaren ist nachfolgend abgebildet:

```
0x04000fc0 <main+744>: lw    r1,(fp+-564)
0x04000fc4 <main+748>: lw    r2,(r1+4)
0x04000fc8 <main+752>: mvi   r1,246
```

KAPITEL 8. VERGLEICHENDE IMPLEMENTIERUNG LATTICEMICO32 143

```
6   0x04000fcc <main+756>: sw    (r2+0),r1    ; Set Pin
7   0x04000fd0 <main+760>: mvi   r1,1
8   0x04000fd4 <main+764>: calli 0x40046e0 <MicoSleepMilliSecs>
9   0x04000fd8 <main+768>: lw    r1,(fp+-564)
10  0x04000fdc <main+772>: lw    r2,(r1+4)
11  0x04000fe0 <main+776>: mvi   r1,255
12  0x04000fe4 <main+780>: sw    (r2+0),r1    ; Clear Pin
```

Listing 8.2: Assemblierte C Code für Test LatticeMico32

Wenn der Programmcounter den Wert 0x4000fcc erreicht, so wird der Befehl *sw (r2+0), r1* ausgeführt, der bewirkt dass am Ausgang der Portpin gesetzt wird. Auf Adresse 0x80000080 wird der Wert 0xf6 geschrieben. Erreicht der Programmcounter den Wert 0x4000fe4, wird der Befehl *sw (r2+0), r1* ausgeführt, der den Wert der Adresse 0x80000080 auf den Wert 0xff setzt - damit wird der Portpin wieder rückgesetzt. Mit dem *Embedded Debug Tool* gibt es mehrere Möglichkeiten, diese Zustandsänderung zu überwachen.

Das erste Mal wurde ein Trigger des *Debug Tools* auf die Speicheradresse 0x80000080 gesetzt. Damit werden alle Lese- und Schreibvorgänge von dieser Speicherstelle überwacht. Folgende Werte wurden gemessen:

- Low: PC: 0x4001060, Addr: 0x80000080, Data: 0xf6 Time: t=66
- High: PC: 0x4001084, Addr: 0x80000080, Data: 0xff Time: t=27575

Der Zeitpunkt t=0 wird mit dem Beenden des RESET-Zustandes und Abarbeiten des ersten Befehls der Software definiert. Der Unterschied zwischen Time Low und Time High beträgt 27.509 Zyklen und damit bei einem Takt von 25 MHz einem Zeitabstand von ca. 1,10036 ms. Die Ungenauigkeit ist auf die zusätzlichen Befehle und die Implementierung der Warteschleife zurückzuführen. In Abbildung 8.9 wurde durch das Oszilloskop die Messung überprüft. Kanal 1 entspricht dem Ausgang des Port-Pins. Rechts unten ist die Zeitmessung dargestellt, die mit den Werten des *Debug-Interface* übereinstimmen (1,003588 ms).

Bei einem weiteren Versuch wurde der Trigger auf den Programmcounterwert 0x4000fcc für Setzen der Leitung auf 0 und auf den Programmcounterwert 0x400fe4 für Setzen der Leitung auf 1 definiert. Hier wurden folgende Messergebnisse erzielt:

- Low: PC: 0x4000fcc, Addr: 0xffffffff, Data: 0xffffffff Time: t=51
- High: PC: 0x4000fe4, Addr: 0xffffffff, Data: 0xffffffff Time: t=27555

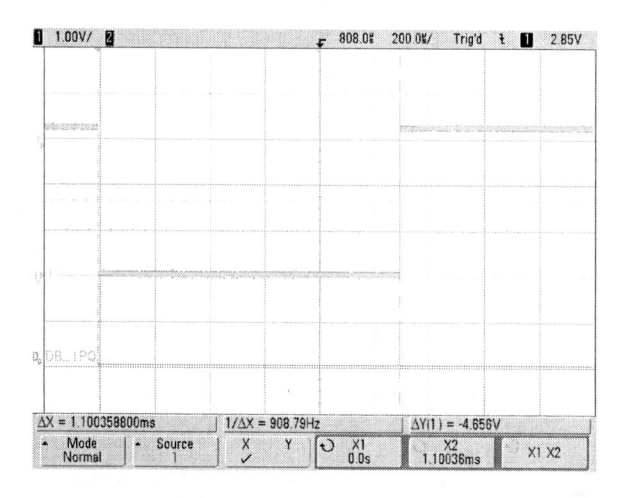

KAPITEL 8. VERGLEICHENDE IMPLEMENTIERUNG LATTICEMICO32   144

Abbildung 8.9: Triggern des Zugriffes auf den Port Pin mittels Speicherüberwachung

KAPITEL 8. VERGLEICHENDE IMPLEMENTIERUNG LATTICEMICO32   145

Der Trigger löste bereits nach 51 Zyklen aus, da in diesem Beispiel das Starten des Befehls, jedoch nicht die tatsächliche Ausführung als Messpunkt verwendet wurde. Der Unterschied zwischen Time Low und Time High beträgt 27.504 Zyklen und ist bis auf 5 Zyklen exakt wie bei dem vorigen Beispiel. Aus den Werten der Adress-Datenfelder (0xffffffff) ist ersichtlich, dass zum Zeitpunkt des Befehls kein gültiger Buszyklus stattfindet. Durch die Pipeline des Prozessors wird der Befehl zeitlich vor dem Speicherzugriff ausgeführt (X-Stage). In Abbildung 8.10 ist am Kanal *DB IRQ* die Interruptleitung, die durch das *Debug Interface* gesetzt wird, gut ersichtlich. Nach 80ns oder 2 Zyklen löst das *Debug Interface* bereits den Interrupt aus.

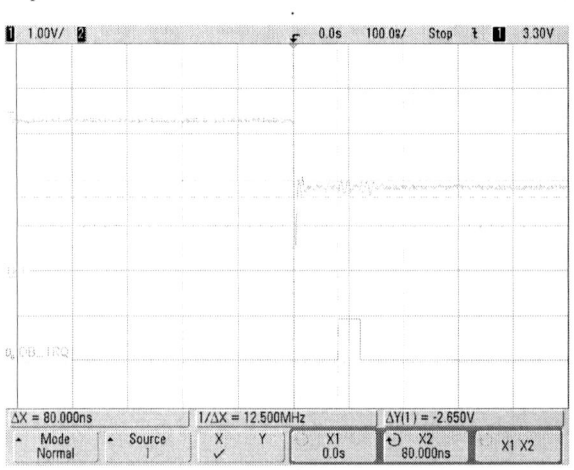

Abbildung 8.10: Auslösen des Debug Interface Interrupt

8.7.3 Selfdebugging

In den Abbildungen 8.11 und 8.12 sind die Auswirkungen bei unterschiedlicher Konfiguration des *Debug Interfaces* für das *Selfdebugging* dargestellt. Als Testszenario ist definiert, dass das Wechseln eine Port Pins (Kanal 1 bei Abbildung 8.11 und 8.12) durch das *Debug Interface* erkannt und dann ein Interrupt ausgelöst werden sollte. Das *Debug Interface* kann dieses Ereignis auf 2 unterschiedliche Arten detektieren. Im ersten Fall wird es so konfiguriert, dass die Adresse

KAPITEL 8. VERGLEICHENDE IMPLEMENTIERUNG LATTICEMICO32   146

der Speicherstelle überwacht wird, die dem Setzen der Port-Leitung entspricht. Beim zweiten Beispiel wird jener Programm Counter Wert überwacht, bei dem das Setzen der Leitung ausgeführt wird.

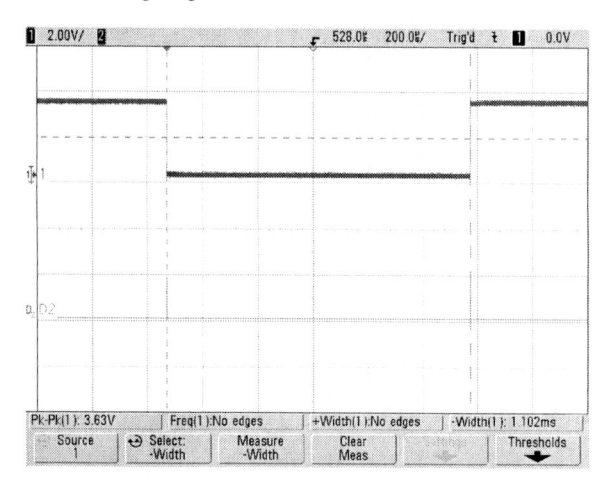

Abbildung 8.11: Messung Interruptleitung und Port-Pin

Selfdebugging Memory Überwachung

In Abbildung 8.11 ist am Kanal 1 der Spannungspegel des Port-Pins und am Kanal D2 der Spannungspegel der Interruptleitung des *Debug Interfaces* dargestellt. Der Interrupt (Kanal D2) wird dann ausgelöst, wenn der Speicherzugriff erfolgt ist, und damit der Pegel des Port-Pins verändert wurde. Aus Abbildung 8.11 ist ersichtlich, dass dies annähernd zeitgleich mit dem Flankenwechsel des Port-Pins durchgeführt wird.

Selfdebugging Program Counter Überwachung

Im zweiten Testfall wird der Interrupt (Kanal D2) erheblich früher ausgelöst, als auf den Port-Pin geschrieben wird. Im Bild 8.12 löst die *Debug Hardware* den Interrupt schon vor dem eigentlichen Zugriff aus, da nicht der Speicherzugriff son-

KAPITEL 8. VERGLEICHENDE IMPLEMENTIERUNG LATTICEMICO32 147

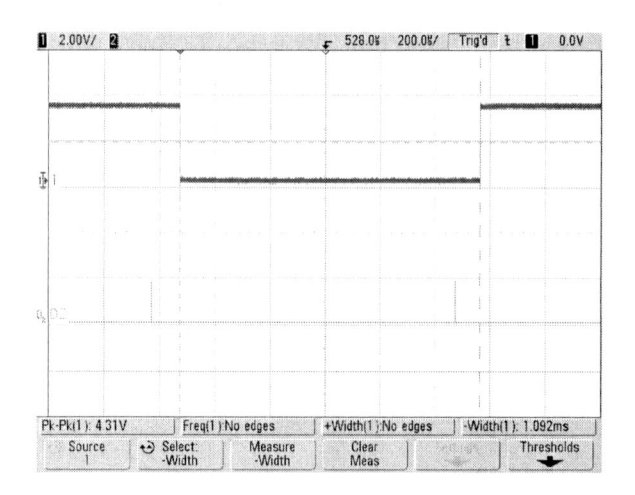

Abbildung 8.12: Messung Interruptleitung und Port-Pin

dern der erste Teil des C-Befehls überwacht wurde. Aus dem C-Listing und Assemblerlisting oben ist ersichtichlich, dass der C-Befehl für das Beschreiben des PortPins auf 4 Assemblerbefehle aufgeteilt wird. Wenn nun die erste Programmcounteradresse des C-Befehls als Trigger verwendet wird, so führt der Prozessor zuerst die Interruptserviceroutine für das *Selfdebugging* durch und verändert erst im Anschluss die Port-Leitung auf den Zustand Low. In diesem Fall ist eine Latenzzeit von ca. 100us oder 2500 Zyklen zu beobachten.

Aus diesen Werten und Tests ist ersichtlich, dass bei *Selfdebugging* genau untersucht werden muss, welche Überwachung stattfinden soll. Je nach Aufgabe bieten beide Überwachungsmethoden unterschiedliche Vorteile. Bei der Überwachung durch den Programmcounter kann zum Beispiel durch *Selfdebugging* verhindert werden, dass der Wert tatsächlich am Port des Prozessors geschrieben wird. In der Interrupt-Routine kann eine Fehlermeldung oder ein Fehlerlog Eintrag erzeugt werden. Der Zugriff auf den Port-Pin wird nicht durchgeführt, beziehungsweise erst nach dem *Debug*-Interrupt. Dies kann Vorteile bringen, falls das Schreiben auf den Port-Pin nach der Überwachung durch eine Zeitüberschreitung verhindert werden sollte.

Falls der Port-Pin auch nach einer Zeitüberschreitung unbedingt auf den jewei-

KAPITEL 8. VERGLEICHENDE IMPLEMENTIERUNG LATTICEMICO32

ligen Wert gesetzt werden sollte, dann muss das Debug-Interface wie in Abbildung 8.11 konfiguriert werden. Denn bei dieser Variante wird zuerst der Port-Pin gesetzt und erst im Anschluss der Interrupt für das *Selfdebugging* ausgelöst. Damit bietet das Debug-Interface viele Möglichkeiten für Entwickler, um spezielle *Debug*-Aufgaben zu erfüllen. Das vorgestellte *Embedded Debug Tool* muss allerdings exakt bedient werden, um keine falschen Ergebnisse zu liefern.

8.7.4 Profiling

Eine weitere Implementierung, die am LatticeMico32 in Verbindung mit dem *Embedded Debug Tool* durchgeführt wurde, ist eine *Profiling*-Anwendung. Die Abarbeitung von verschiedene Funktionen wird durch das *Embedded Debug Tool* gemessen und ausgewertet. Damit kann festgestellt werden, wie viel Systemzeit die jeweilige Funktion oder der jeweilige Task benötigt. Bei zeitkritischen Aufgaben, wie sie zum Beispiel bei Motorregelungen vorkommen, ist dies eine sehr wichtige Funktion. Außerdem können durch *Profiling* auch Softwarefehler besser erkannt werden. Denn eine sehr lange Bearbeitungszeit von einer Funktion, die nur wenige Zyklen dauern sollte, kann dadurch erkannt werden.

Gemessen wurden an Beispielen einer *For-Schleife*, einer *While-Schleife* und einer verschachtelten *While-Schleife*, bei der die innere Schleife 5 Mal ausgeführt wurde. Die *CPU* wird wieder mit 25 MHz getaktet. Zusätzlich wird der *Instruction-Cache* aktiviert, der Daten-Cache ist deaktiviert - das heißt, alle Daten werden direkt vom SRAM gelesen oder dorthin zurückgeschrieben. Das *Embedded Debug Tool* wurde so konfiguriert, dass die Messung gestartet wird, sobald die Funktion betreten wird (triggern der Einsprungadresse). Gestoppt wird die Messung sobald sich der RET-Befehl am Ende der Funktion in der *Execution-Stage* der Pipeline befindet. Alle Programmverzweigungen der verschachtelten Schleife werden mitgemessen.

Für die Messungen wurde folgende Testsoftware ausgeführt:

```
/************************************************
 * Function to test performance of a while loop *
 ************************************************/
void TestWhileLoop(volatile int NumOfLoops){
    while(NumOfLoops > 0){
        NumOfLoops--;
    }
}
```

KAPITEL 8. VERGLEICHENDE IMPLEMENTIERUNG LATTICEMICO32   149

```
12   /*************************************************
13    * Function to test performance of a for loop *
14    *************************************************/
15   void TestForLoop(volatile int NumOfLoops){
16       *((volatile unsigned int *)0x80000080) = 0xf6;
17       int i = 0;
18
19       for(i = 0; i < NumOfLoops; i++);
20       *((volatile unsigned int *)0x80000080) = 0xff;
21   }
22
23   /***************************************
24    * function to measure nested calles *
25    ***************************************/
26   void NestedLoop(volatile int NumOfLoops){
27       int tmp = 0;
28
29       while(NumOfLoops > 0){
30           WhileLoop(5);
31           tmp++;
32       }
33   }
```

Listing 8.3: Assemblierte C Code für Test LatticeMico32

Das Ergebnis bei einem Durchlauf ist folgend:

- For-Loop: 116 Zyklen,
- While-Loop: 75 Zyklen,
- Nested-While-Loop: 106 Zyklen.

Hier das Ergebnis bei 1.000 Durchläufen:

- For-Loop: 34.116 Zyklen bei 1.000 Iterationen = 34 Zyklen im Mittel,
- While-Loop: 28.077 Zyklen bei 1.000 Iterationen = 28 Zyklen im Mittel,
- Nested-While-Loop: 228.136 Zyklen bei 5.000 Iterationen = 46 Zyklen im Mittel

Bei einem Durchlauf erkennt man gut, dass sich durch den unterschiedlichen Aufbau der Schleifen relativ große Laufzeit unterschiede ergeben. In diesem Fall ergibt sich der Unterschied nur durch Laden und Initialisieren des Schleifenindex.

Bei 1.000 Iterationen beträgt der Unterschied zwischen *For-* und *While*-Schleife bereits 6.039 Zyklen, was bei 25 MHz einer Zeitdifferenz von 241,56 us entspricht. Da innerhalb der Schleifen kein Code ausgeführt wird, resultiert der Unterschied nur aus dem administrativen Mehraufwand der *For*-Schleife. In diesem

Beispiel ist auch die Geschwindigkeitserhöhung durch den *Instruction-Cache* gut sichtbar. Statt 116 Zyklen werden im Fall der *For*-Schleife im Mittel nur 34 Zyklen benötig. Bei der *While*-Loop ist das Verhältnis 75 Zyklen im Vergleich zu 28 Zyklen. Bei der verschachtelten *While*-Schleife stellt sich das Verhältnis als 106 Zyklen zu 46 Zyklen dar.

Die verschachtelte *While*-Schleife ist bei einem Durchlauf schneller als die *For*-Schleife, bei 1.000 Durchläufen ist das Verhältnis jedoch umgekehrt. Dies kann dadurch erklärt werden, dass die *For*-Schleife zu Beginn bereits einige Zyklen benötigt, die *While*-Schleife jedoch bei nur einem Durchlauf sehr schnell abgearbeitet wird. Bei mehreren Iterationen wirkt sich das *Instruction-Cache* und die zusätzlichen Zyklen für die *While*-Schleife entsprechend aus.

8.7.5 Latenzzeitmessung

Die Behandlung des Interrupts setzt sich beim *LatticeMico32* aus mehreren Stufen zusammen. Nachdem ein Interrupt aufgetreten ist, wird ein allgemeiner Interrupthandler aufgerufen, der alle CPU Register sichert und in eine weitere Routine verzweigt. In dieser Routine wird in einer Tabelle nach der entsprechenden Startadresse für die Interruptverarbeitung gesucht. Durch den sequentiellen Zugriff auf die Tabelle ergibt sich eine Priorisierung der Interrupts. Durch die Software muss geprüft werden, ob ein Interrupt ansteht (*Pending*) und ob der Interrupt ausgewählt ist. Dadurch entstehen sehr hohe Interruptlatenzzeiten bei diesem Prozessor. In Abbildung 8.13 ist der Interrupt Handler in den beiden Stufen dargestellt.

Bei dem Versuch wurde ein System mit zwei zeitgesteuerten Funktionen und unterschiedlicher Zeitbasis aufgebaut. Die Priorität von Timer0 wird höher eingestellt als jene von Timer1. Timer0 kann daher Timer1 unterbrechen. Die Periode für das Auftreten der Interrupts von Timer0 wurde mit 0,7 ms festgelegt. Timer 1 ist nieder prior und löst alle 1,6 ms einen Interrupt aus. Da die beiden Zeiten unterschiedlich und keine ganzzahligen Vielfache sind, kommt es zu wechselseitigen Unterbrechungen, entsprechend der Priorität. Gemessen wird die Zeitspanne zwischen Auftreten des jeweiligen Interrupts und dem Einsprung in die spezifische Interruptserviceroutine des entsprechenden Timers. Falls der Toleranzbereich von 100 us überschritten wird, setzt die Software einen Port Pin, um das Überschreiten der Deadline für diesen Testfall anzuzeigen und mit dem Oszilloskop messen zu können. Die CPU wird mit 25 MHz getaktet.

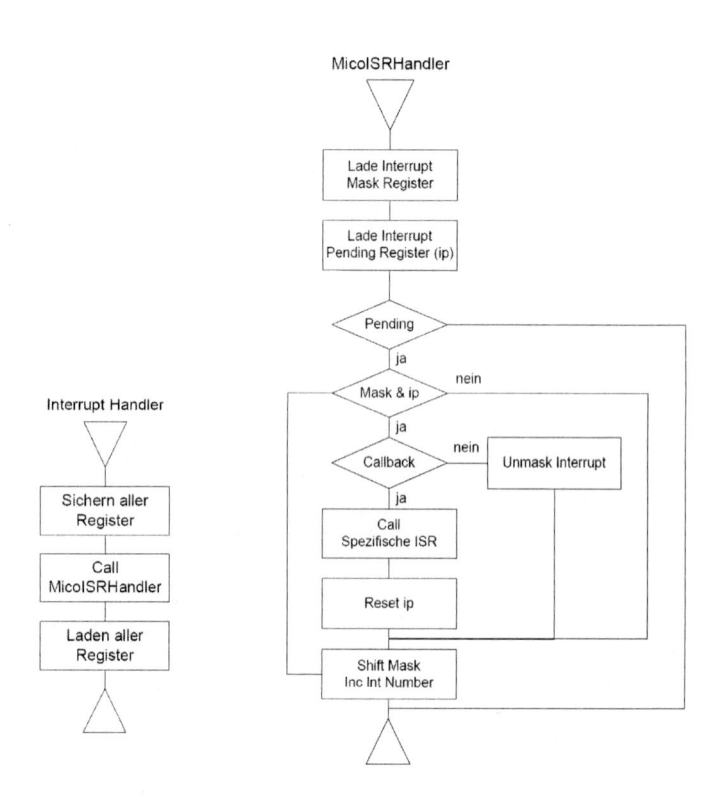

KAPITEL 8. VERGLEICHENDE IMPLEMENTIERUNG LATTICEMICO32 151

Abbildung 8.13: ISR Handler LatticeMico32

KAPITEL 8. VERGLEICHENDE IMPLEMENTIERUNG LATTICEMICO32   152

In den Abbildungen 8.14 und 8.15 sind die Messergebnisse des Oszilloskop dargestellt. Am Kanal 1 ist der Spannungspegel des Port-Pins visualisiert. Auf D0 ist der Pegel der Interruptleitung des Timer0 und auf D2 der Pegel der Interruptleitung von Timer1 dargestellt.

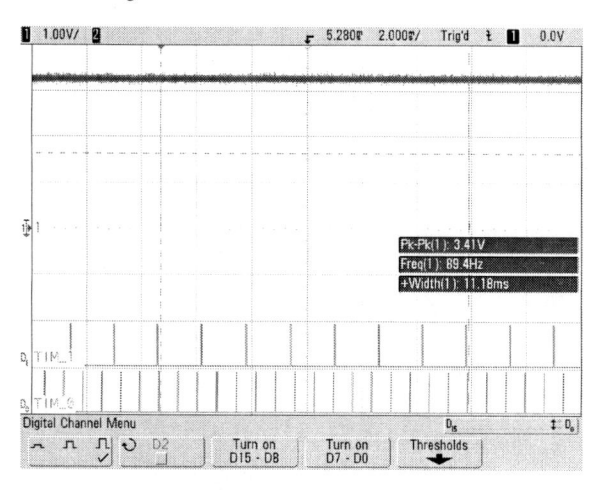

Abbildung 8.14: Messung Interruptleitung und Port-Pin

Die Timer lösen periodisch Interrupts aus. Nur durch Messen der Interrupt-Leitungen wäre das Erkennen des Überschreitens der Deadline nicht möglich. Durch die Messung der Latenzzeit in Hardware, kann die erhöhte Latenzzeit leicht erkannt werden. In diesem Fall tritt das Überschreiten der Deadline alle 11,18 ms auf.

Obwohl Timer0 eine höhere Priorität besitzt, wird die Ausführung seiner Interruptserviceroutine durch Timer1 blockiert. Die Race Condition wird erkannt und zur Visualisierung wird am Port Pin dieses Ereignis angezeigt. Ohne das *Debug Interface*, das die internen Interruptleitung prüft, wäre das Erkenne der Überschreitung der Deadline nicht möglich gewesen.

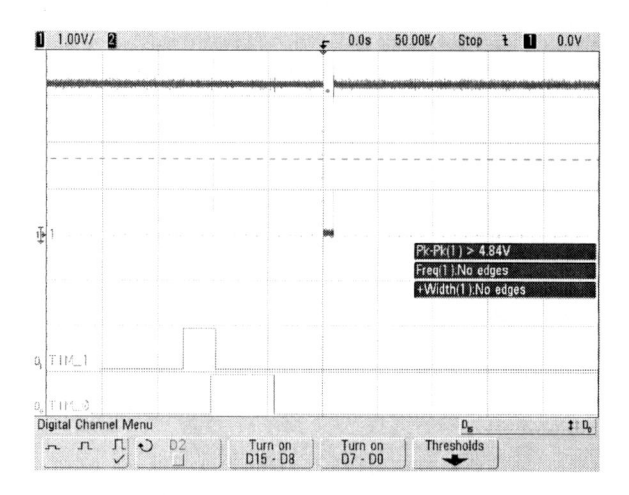

KAPITEL 8. VERGLEICHENDE IMPLEMENTIERUNG LATTICEMICO32 153

Abbildung 8.15: Messung Interruptleitung und Port-Pin

8.8 Zusammenfassung

In diesem Kapitel wurde die Integration des *Debug-Interface* beim 32-Bit Prozessor *LatticeMico32* vorgestellt. Die Funktionsfähigkeit wurde durch eine Testsoftware nachgewiesen, wobei die Zeitmessung zur Kontrolle des *Debug Interfaces* mit Hilfe eines Oszilloskop durchgeführt wurden. Exemplarisch wurden die Funktionen Profiling, Messungen von Zeitdifferenzen für Selfdebugging und Latenzzeitüberschreitungen gemessen. Obwohl dieser Prozessor viel komplexer als der 8-Bit Prozessor AVR ist, konnte auch hier das *Debug Interface* gut integriert werden. Die Ergebnisse haben gezeigt, dass das *Debug Interface* für komplexe *Debug*-Aufgaben sehr gut geeignet ist und für Entwickler eine Unterstützung bietet.

9 Zusammenfassung und Ausblick

In dieser Dissertation wurde ein *Debug Tool* für *Embedded Systems* vorgestellt, das zur Unterstützung von komplexen *Debug*-Aufgaben eingesetzt werden kann. Bestehende *Debug-Tools* verändern das zeitliche Verhalten des zu untersuchenden Systems, benötigen zusätzlichen Speicher des Systems oder sind nicht geeignet, mehrere Bedingungen zu verknüpfen und damit komplexe Aufgabenstellungen zu bewältigen. Es gibt zwar einige Hersteller, die *Debug Tools* anbieten, die für eine *Post Mortem* Analyse gute Daten liefern. Das hier vorgestellte Werkzeug bietet eine Unterstützung für Entwickler von Embedded Software und ermöglicht selten auftretende Fehler zu finden, ohne dass das Verhalten und die Eigenschaften des zu untersuchenden Systems verändert werden.

9.1 Rückblick

Nach einer Einführung in das Thema Debugging, Tracing und Testing sowie der Ergebnisse der Recherche von bestehenden Arbeiten zu diesem Thema, wurde die Problemstellung dargestellt. Vor allem bei folgenden Problemen, unterstützt das Debug Tool in der Fehlersuche:

- Komplexe Timingfehler, wie sie im Zusammenspiel von Interrupts und Echtzeitbedingungen bei Embedded Systemen oft auftreten,

- Logikanalysator Untersuchungen, wenn kein Zugang für die Anschlüsse eines Logikanalysators besteht und die Signale vorverarbeitet werden müssen,

- Warnschwellen bei Speicherüberschreiber und Speicherüberläufen. Diese Überwachungen werden parallel zum laufenden Programm durchgeführt und können Trigger auslösen, um die fehlende Softwarestelle rasch zu finden,

- Überprüfung der Auslastung von Softwarekomponenten während des Betriebes. Damit kann festgestellt werden, ob die Software korrekt arbeitet und nicht zu viele Ressourcen benötigt.

KAPITEL 9. ZUSAMMENFASSUNG UND AUSBLICK

- Die Möglichkeit zum *Selfdebugging* wird vom *Debug Tool* zur Verfügung gestellt. Dies ist vor allem für Systeme interessant, die bereits im Feld installiert wurden.

Das Systemmodell wurde in Kapitel 5 vorgestellt. Der Kern des *Embedded Debug Tools* besteht aus konfigurierbaren Hardwarekomponenten, die die Aktivitäten des Prozessors überwachen: Es werden alle Zugriffe der CPU auf den Datenspeicher, den Programmspeicher, die speziellen Funktionsregister, die Input-Output-Leitungen sowie die Interruptleitungen und die Signale für das Auslösen von Interrupts überwacht. Je nach Prozessor und Aufgabenstellung an das *Debug-Tool* werden alle oder nur einzelne dieser Signale überwacht. Das *Debug Tool* kann konfiguriert werden und wird typischerweise während der Entwicklung des *Embedded Systems* in ein *FPGA* geladen, auf welchem auch die CPU integriert ist und die Software läuft.

Weiters wurde die Simulation des Systemmodells in der Modellierungssprache *SystemC* gezeigt. Als Simulationsbeispiel wurden die zeitkritischen Elemente eines Reizstromtherapiegerätes der Firma Otto Bock verwendet. Das simulierte *System-on-Chip* bestand aus einem Mikrocontroller M16C der Firma Renesas, der mit Hilfe eines Instruction Set Simulators emuliert werden konnte. Der Prozessor ist in einer von-Neumann Architektur aufgebaut, Programm und Datenspeicher sind in einem gemeinsamen Speicher abgelegt. Die Hardwareperipherie, die für die Messungen und Simulationen nötig war, wurde in *SystemC* modelliert. In der Simulation wurde geprüft, ob die Anforderungen an das *Debug Tool* - nämlich zeitgenaue Überprüfungen von Software und Hardwarekomponenten möglich sind. Die Simulationen zeigten das gewünschte Ergebnis und es konnten einige komplexe Fehler in der Simulation aufgezeigt werden. Dadurch konnte das Echtsystem verbessert werden.

Anschließend wurden vergleichende Implementierungen mit 8- und 32-bit Prozessoren durchgeführt. Als 8-bit Prozessor wurde der AVR atmega 103 ausgewählt. Dieser Prozessor besitzt eine Harvard Architektur. Das *Debug-Interface* wurde in *VHDL* beschrieben und nach der Synthese in ein FPGA der Firma Xilinx geladen. Die Messungen an den Testprogrammen ergaben, dass auch in der Praxis das *Debug Tool* für Echtzeitanwendungen und rasche Fehlersuche gut geeignet war.

Eine weitere vergleichende Implementierung wurde anhand des 32-bit Prozessors *LatticeMico32* durchgeführt. Dieser Prozessor ist ebenfalls in Harvard Architektur aufgebaut. Durch eine 6-stufige Pipeline und einem Daten- und Instruktionscache war hier die Implementierung jedoch anspruchsvoller. Es konnte aber auch

KAPITEL 9. ZUSAMMENFASSUNG UND AUSBLICK

hier gezeigt werden, dass bei modernen Prozessoren, bei denen der Zugriff und die tatsächliche Verarbeitung von Instruktionen nicht durch einfaches Mitlesen am Adress- Datenbus gelöst werden kann, gute Ergebnisse durch die Einbindung des *Debug Tool* erzielt werden konnten. Der Aufwand für die Integration des *Debug Tools* in diese Prozessorumgebung war zwar höher, jedoch konnte das *Debug Tool* auch hier erfolgreich integriert werden. Nach der Einbindung der Peripheriekomponenten für die Testanalysen konnte mit Softwareprogrammen die korrekte Funktion des *Debug Tools* nachgewiesen werden. Als mögliche Einschränkung stellte sich bei den Implementierungen der Platzverbauch des *Debug Interfaces* am FPGA heraus. Bei kleinen FPGAs und einem umfassend implementierten *Debug Interface* wurden bis zu 50 Prozent der Chipfläche benötigt.

9.2 Forschungsergebnisse

Das vorgestellte *Embedded Debug Interface* unterstützt Entwickler bei der Suche nach komplexen Fehlern bei *Embedded Systems*. In Simulationen und vergleichenden Implementierungen wurden die Funktionen des konzipierten Modells nachgewiesen. Mit dem *Debug Interface* kann das *Timingverhalten* des *Embedded Systems* exakt analysiert und überprüft werden. Das System wird dabei nicht beeinflusst und wird durch das *Debug Interface* weder im zeitlichen Ablauf noch im Speicher- oder Stackverhalten verändert. Dadurch können zum Beispiel Überschreitungen von Latenzzeiten exakt erkannt werden, was bei herkömmlichen *Debugsystemen* nur eingeschränkt oder nicht möglich ist.

Durch das *Debug Interface* können Hardwaresignale mit Softwareabläufen kombiniert werden. Dadurch sind kombinierte Hardware Software Fehler einfach zu lokalisieren und können von Entwicklern rasch behoben werden. Die Latenzzeiten von Interrupts können genauso überprüft werden wie jene von zwei oder mehreren Programmteilen. Auch die Auslastung von Software am Prozessor kann über die Monitorfunktion des *Debug Interface* analysiert werden.

Das *Debug Interface* ist mit Logik-Analysator Fähigkeiten ausgerüstet, wodurch mehrere Variablen, Signale sowie das Zeitverhalten für die Triggerung von fehlerhaften Zuständen verknüpft werden können. Bei Systemen ohne *Memory Management Unit* hilft das *Debug Interface* beim Erkennen von Speicherüberschreiber auf vorher festgelegte Datenbereiche. Sogar bei Speicherbereichen, die dynamisch angelegt wurden, kann das *Debug Interface* eine Fehlerüberprüfung durchführen.

KAPITEL 9. ZUSAMMENFASSUNG UND AUSBLICK

Zu Beginn der Fehlerübrprüfung muss nur in der Software die Initialisierung des Speicherbereiches durchgeführt werden.

Das vorgestellte *Debug Interface* ist auch geeignet, bei *Embedded Systems* im Feld die Fehlersuche zu beschleunigen und korrekte Aussagen über den Systemzustand zu erhalten. Durch *Selfdebugging* kann die Software, die am *Embedded System* in Betrieb ist, ihre eigenen Hardwarezustände überwachen. Das *Debug Interface* wird über den Adress-Datenbus parametriert und konfiguriert. Anschließend überwacht das *Debug Interface* die eingestellten Hardwareleitungen sowie den Adress-Datenbus und Interruptleitungen.

Werden fehlerhafte Zustände erkannt, zum Beispiel das Überschreiten von Latenzzeiten bei Interrupts oder dem Überschreiben von Speicherbereichen, so informiert das *Debug Interface* die Software über eine Interruptleitung, wodurch das System erkennt, dass ein Fehler aufgetreten ist. Dadurch ist es möglich, dass die Software geeignete Maßnahmen durchführt, um schwerwiegende Fehler zu verhindern. Diese Maßnahmen könnten sein, dass das System eine Fehlermeldung am Display ausgibt oder an ein Hintergrundsystem sendet beziehungsweise auch einen Fehlereintrag in einem lokalen Speicher vornimmt. Die Entwickler von *Embedded Systems* haben somit die Möglichkeit, diese Fehlerfälle zu erkennen und zu beheben. Ohne die Verwendung des *Debug Interfaces* würde sich der Fehler auf andere Weise und zu einem anderen Zeitpunkt zeigen. Es würde nicht die eigentliche Fehlerursache detektiert werden, wodurch das Auffinden der wirklichen Ursache äußerst schwierig ist. Durch den Einsatz des *Debug Interfaces* erspart sich der Entwickler wertvolle Zeit bei der Suche von komplexen Fehlern, die im Feld oder im Labor auftreten.

9.3 Ausblick

Durch die ständige Weiterentwicklung von FPGAs und immer größeren Chipflächen werden in einigen Jahren die Platzprobleme des *Debug Tools* weniger Bedeutung haben, als dies derzeit der Fall ist. Das Konzept der Konfigurierbarkeit des *Debug Interfaces* ermöglicht eine gute Anpassung an die jeweilige Hardwareplattform, wodurch die benötigte Chipfläche vom Entwickler selbst skaliert wird. Dennoch wird es auch in Zukunft nötig sein, dass das *Debug Interface* von einem Spezialisten konfiguriert und an das jeweilige Ausgangssystem angepasst wird.

Da *Embedded Systems* speziell an die Anforderungen der Anwendungen angepasst sind, muss auch das *Debug Tool* angepasst werden. Eine gute Einsatzmöglichkeit ergibt sich bei Projekten, wo mehrere Personen an der Softwareentwicklung beteiligt sind und der Personenaufwand entsprechend hoch ist. Durch den Einsatz des *Debug Tools* können Fehler frühzeitig gefunden werden. Damit werden die Produkte stabiler und der Entwicklungsprozess wird beschleunigt.

10 Literaturverzeichnis

[AC99]   Atmel-Corporation. 8-bit microcontroller with 4k 8k bytes in-system programmable flash at90s4414 at90s8515, Oct. 1999. http://www.atmel.com.

[AC01]   Atmel-Corporation. 8-bit microcontroller with 128k bytes in-system programmable flash atmega103(l), July 2001. http://www.atmel.com.

[AC03]   Atmel-Corporation. 8-bit microcontroller with 128k bytes in-system programmable flash atmega128 atmega128l, Feb. 2003. http://www.atmel.com.

[Aga02] J. David Agans. *Debugging. The Nine Indispensable Rules for Finding Even the Most Elusive Software and Hardware Problems.* AMACOM, 2002.

[AL01a] ARM-Limited. Arm developer suite v1.2, axd and armsd debuggers guide, November 2001. http://www.arm.com.

[AL01b] ARM-Limited. Arm7tdmi, rev4, technical reference manual, September 2001. http://www.arm.com.

[AL02]   ARM-Limited. Porting armulator models, development systems business unit, debug and modelling grouparm7tdmi, March 2002. http://www.arm.com.

[AL03]   ARM-Limited. The armulator, November 2003. http://www.arm.com.

[AL04]   ARM-Limited. Summary of new features in etmv2 and etmv3, May 2004. http://www.arm.com.

[Ber02] Anthony Berent. Debugging techniques for embedded systems using real-time software trace, Jan. 2002. http://www.arm.com/pdfs/DebuggingTechniquesPaper.pdf.

10 Literaturverzeichnis

[BM04] Ed Brinksam and Angelika Mader. On verification modelling of embedded systems. In *Proc. of Euromicro Conference on Real-Time Systems ECRTS03*, Netherlands, 2004. University Twente.

[BS05] Bruno Boyssounouse and Joseph Sifakis. *Embedded Systemes Design. The Artist Roadmap for Research and Development*. Springer Verlag Berlin, Heidelberg, 2005.

[CFZ03] T. Grechenig C. Falk and W. Zuser. Shifting from an electrical engineering based software structure to a software engineering based software structure. In *Proceedings of ICSERA03*, San Francisco, USA, 2003.

[Com06] Design Automation Standards Committee. Ieee standard systemc language reference manual, ieee1666-2005, March 2006.

[CP98] J.P. Calvez and O. Paquier. Performance monitoring and assesment of embedded hw/sw systems. In *Design Automation for Embedded Systems*, pages 5–22. Kluwer Academic Publisher, 1998.

[DR92] P. Dodd and C.V. Ravishankar. Monitoring and debugging distributed real-time programs. In *Software-Practice and Experience*, pages 863–877, Oct. 1992.

[GLGS02] Thorsten Grotker, Stan Liao, Martin Grant, and Stuart Swan. *System Design with SystemC*. Kluwer Academic Publishers, Massachussets USA, 2002.

[GZF03] T. Grechenig, W. Zuser, and C. Falk. Cars with software become software with wheels (slowly). shifting car control software structures towards software engineering. *Journal of Electronics and Computer Science*, 5:21–28, 2003.

[Her03] Richard Herveille. Latticemico32 i2c (master) from opencores, July 2003. http://www.opencores.org.

[HHK03] Shyh-Ming Huang, Ing-Jer Huand, and Chung-Fu Kao. Reconfigurable real-time address trace compressor for embedded microprocessors. In *Proc. od IEEE International Conference on Field-Programmable Technology (FPT)*, pages 196–203, Washington, USA, Dez. 2003. IEEE Computer Society.

10 Literaturverzeichnis 161

[HST03] Joel Huselius, Daniel Sundmark, and Henrik Thane. Starting conditions for post-mortem-debugging using deterministic replay of real-time-systems. In *Proc. of Euromicro Conference on Real-Time Systems ECRTS03*, pages 177 – 184, 2003.

[IT03] Infineon-Technologies. C167 cr derivates. 16-bit single-chip microcontroller, May 2003. http://www.infineon.com.

[Jah95] Farnam Jahanian. Run-time monitoring of real-time systems. In *Monitoring and Debugging of Distributed Real-Time Systems*, pages 103–112, Los Alamitos, USA, 1995. IEEE Computer Society.

[Kle04] David N. Kleidermacher. Debugging techniques for fielded embedded systems. In *Embedded Systems Conference*, San Francisco, USA, 2004.

[Kop04] Klaus Koppenberger. Entwicklungs- und verifikationstool für embedded software. Master's thesis, Fachhochschule Hagenberg, Hardware Software Systems Engineering, Hagenberg, Austria, Juni 2004.

[Lam78] L. Lamport. Time, clocks, and the ordering of events in a distributed system. *Communications of the ACM*, 21:558–565, 1978.

[Lan03a] Josef Langer. Gefahren und fallen bei embedded betriebssystemen. In *Tagungsband Embedded Betriebssysteme*, Poing, Germany, Oktober 2003. Design-Elektronik.

[Lan03b] Josef Langer. Mikroprozessor engineering für embedded systems. In *FHS konkret - Fachhochschulstudiengänge OÖ*, pages 6–7, Wels, Austria, Mai 2003. FH Trägerverein OÖ.

[Lan03c] Josef Langer. Time constraints in embedded communications devices. In *Proceedings of the Workshop on Constrain-Aware Embedded Systems CAES2003 during IEEE Real-Time Systems Symposium (RTSS2003)*, pages 6–10, Cancun, December 2003.

[Lan04a] Josef Langer. Embedded RTOS for 16bit Controllers. In *Proceedings Embedded World Conference 2004*, pages 65–75, Poing, Germany, Februar 2004. Design-Elektronik.

[Lan04b] Josef Langer. Hardware software cooperation in embedded communication devices. In *Proceedings of the IEEE Intl. Symposium on Signals, Systems and Electronics (ISSSE04)*, Linz, Austria, August 2004.

10 Literaturverzeichnis

[Lan05] Josef Langer. *Skriptum Hardwarenahe Programmierung*. Fachhochschule Hagenberg Hardware Software Systems Engineering, 2005.

[Lan06] Josef Langer. *Skriptum Mikroprozessortechnik*. Fachhochschule Hagenberg Hardware Software Systems Engineering, 2006.

[Lat] Latticemico32 processor and systems. Website. http://www.latticesemi.com.

[Lau03a] Lauterbach. Icr-etm trace32, Dez. 2003. http://www.lauterbach.de.

[Lau03b] Lauterbach. Risc trace module, Dez. 2003. http://www.lauterbach.de.

[LD06] Josef Langer and Oliver Dillinger. Integration of nfc in embedded systems. In *Proceedings embedded world Conference 2006*, pages 543–551, Poing, Germnay, Februar 2006. Design-Elektronik.

[Lee03] Kwangyong et al. Lee. A development of remote tracepoint debugger for run-time monitoring and debugging of timing constraints on qplus-p rtos. In *Proc. od IEEE Workshop on Software Technologies for Future Embedded Systems (WSTFES 03)*, pages 93–96, 2003.

[Len00] Raimondas Lenevicius. *Advanced Debugging Methods*. Kluwer, 2000.

[LK04] Josef Langer and Wilfried Kubinger. A power-aware sensor network architecture. In *Proceedings of the 3rd Intl. Conf. on Computers, Internet and Informations Technology CIIT2004*, pages 19–25, Calgery, Canada, November 2004. ACTA Press.

[LK05] Josef Langer and Klaus Koppenberger. Debugging and verification for embedded real-time systems. In *Proceedings embedded world Conference 2005*, pages 401–406, Poing, Germnay, Februar 2005. Design-Elektronik.

[LKK05] Josef Langer, Klaus Koppenberger, and Michael Kandler. Rapid prototyping für mechatronische anwendungen in der medizintechnik. In *Tagungsband ifm Internationales Forum Mechatronik*, pages 275–285, Augsburg, Germnay, Juni 2005. Bayrisches Kompetenznetzwerk für Mechatronik.

10 Literaturverzeichnis

[LKN04] Josef Langer, Christian Kantner, and Larissa Naber. Tracing and debugging for wireless communications devices. In *Proceedings of the 3rd Intl. Conf. on Computers, Internet and Informations Technology CIIT2004*, pages 38–44, Calgery, Canada, November 2004. ACTA Press.

[LKSN05] Josef Langer, Klaus Koppenberger, Christoph Sulzbachner, and Thomas Nestler. Debug-tool for embedded real time systems. In *IEEE Intl. Conf. on Computer as a Tool EUROCON2005*, Belgrade, Serbia and Montenegro, November 2005. Planeta Print Belgrade.

[LMC87] T.J. LeBlanc and J.M. Mellor-Crummey. Debugging parallel programs with instant replay. In *IEEE Transactions on Computers*, pages 471–482. IEEE Computer Society, Apr. 1987.

[LO05] Josef Langer and Andreas Oyrer. Identification and payment with contactless chipcards. In *Proceedings FH Science Day*, pages 95–99, Aachen, Germany, September 2005. Shaker Verlag.

[LS06a] Lattice-Semiconductor. Latticemico32 asynchronous dma controller, December 2006. http://www.latticesemi.com.

[LS06b] Lattice-Semiconductor. Latticemico32 asynchronous sram controller, December 2006. http://www.latticesemi.com.

[LS06c] Lattice-Semiconductor. Latticemico32 gpio, December 2006. http://www.latticesemi.com.

[LS06d] Lattice-Semiconductor. Latticemico32 on-chip memory controller, December 2006. http://www.latticesemi.com.

[LS06e] Lattice-Semiconductor. Latticemico32 parallel flash controller, December 2006. http://www.latticesemi.com.

[LS06f] Lattice-Semiconductor. Latticemico32 software developer users guide, December 2006. http://www.latticesemi.com.

[LS06g] Lattice-Semiconductor. Latticemico32 spi, December 2006. http://www.latticesemi.com.

[LS06h] Lattice-Semiconductor. Latticemico32 timer, December 2006. http://www.latticesemi.com.

10 Literaturverzeichnis

[LS06i] Lattice-Semiconductor. Latticemico32 tri-speed ethernet media access controller, December 2006. http://www.latticesemi.com.

[LS06j] Lattice-Semiconductor. Latticemico32 uart, December 2006. http://www.latticesemi.com.

[LS07] Lattice-Semiconductor. Latticemico32 processor reference manual, August 2007. http://www.latticesemi.com.

[Mai03] K.D. Maier. On-chip debug support for embedded systems-on-chip. In *Proc. of the 2003 Intl. Symposium on Circuits and Systems*, pages 565–568, May 2003.

[MM03] Linda J. Moore and Angelica R. Moya. Non-intrusive debug technique for embedded programming. In *Proceedings of 14th intl Symposium on Software Reliability Engineering (ISSRE2003)*, pages 375 – 380, Washington, USA, November 2003. IEEE Computer Society.

[MS03] Wolfgang Mayer and Markus Stumptner. Extending diagnosis to debug programs with exceptions. In *Proc. of 18th IEEE Intl. Conference on Automated Software Engineering*, pages 240 – 244, Oct. 2003.

[Muh00] Hannes Muhr. Einsatz von systemc im hardware software-codesign. Master's thesis, TU WIen, Wien, Austria, November 2000.

[NM92] R.H. Netzer and B.P. Miller. What are race conditions? some issues and formalizations. *ACM Letters on Programming Languages and Systems*, 1:74–78, 1992.

[PL06] Markus Pfaff and Josef Langer. Hsse sandbox s2 user manual, November 2006.

[PS04] K Peterson and Y. Savaria. Assertion-based on-line verification and debug einvironement for complex hardware systems. In *Proc. of the 2004 Intl. Symposium on ISCAS*, pages 685–688, May 2004.

[PSB00] Dale Parson, Bryan Schlieder, and Paul Beatty. Extension language automation of embedded system debugging. In *Proc. of the 4th Intl. Workshop on Automated Debugging AADEBUG 2000*, August 2000.

[RJE03] Kai Richter, Marek Jersak, and Rolf Ernst. A formal approach to mpsoc performance verification. In *Computer, vol. 36*, pages 60 – 67. IEEE Computer Society, April 2003.

[RT03a] Renesas-Technology. M16c/60, m16c/20 series software manual, May 2003. http://www.renesas.com.

[RT03b] Renesas-Technology. M3t-pd308sim v.3.10, m3t-pd30sim v.5.10, simulator debugger, users manual, May 2003. http://www.renesas.com.

[RT03c] Renesas-Technology. Pdxxsim, i/o dll kit, sample manual, May 2003. http://www.renesas.com.

[RT03d] Renesas-Technology. Pdxxsim i/o dll kit, users manual, May 2003. http://www.renesas.com.

[RT03e] Renesas-Technology. Single-chip microcomputer users manual m16c/62 group rev.c4, March 2003. http://www.renesas.com.

[RT06] Renesas-Technology. M16c r8c simulator debugger v.1.02, users manual, August 2006. http://www.renesas.com.

[Sam07] Christian Saminger. Hpemini user manual, June 2007. http://www.ge-research.com.

[Sho02] Mohammed El Shobaki. On-chip monitoring of single- and multiprocessor hardware real-time operating systems. In *Proceedings of the 8th International Conference on Real-Time Computing Systems and Applications (RTCSA)*, pages 375 – 380, Washington, USA, March 2002. IEEE Computer Society.

[STHP03] Daniel Sundmark, Henrik Thane, Joel Huselius, and Anders Petterson. Replay debugging of complex real-time systems. experiences from two industrial case studies. Technical report, Mälardalen Real-Time Research Center, Mälardalen, Sweden, April 2003. http://www.mrtc.mdh.se/publications/0527.pdf.

[Sun02] Daniel Sundmark. Replay debugging of embedded real-time systems: A state of the art report. Oct. 2002.

[TFB90] J.P.P. Tsai, K.-Y. Fang, and Y-D Bi. A noninterference monitoring and replay mechanism for real-time software testing and debugging. In *IEEE Transactions on Software Engineering*, pages 897–916, August 1990.

10 LITERATURVERZEICHNIS

[Tha00] Henrik Thane. *Monitoring, Testing and Debugging of Distributed Real-Time Systems*. PhD thesis, Royal Institute of Technology, KTH, Stockholm, Sweden, Mai 2000.

[TS01] Henrik Thane and Daniel Sundmark. Debugging using time machines: replay your embedded system's history. In *Real-Time and Embedded Computing Conference*, page Kap. 22, November 2001.

[VSS97] H. Vranken, M. Stevens, and M. Segers. Design-for-debug in hardware/software co-design. In *Proceedings of the 5th International Workshop on Hardware/Software Co-Design*, March 1997.

[VV89] V.P.Banda and R.A. Volz. Architectural support for debugging and monitoring real-time software. In *Proc. of Euromicro Workshop on Real Time*, pages 200–210. IEEE, June 1989.

[WZK04] T. Grechenig W. Zuser and M. Köhle. *Software Engineering mit UML und dem Unified Process*. Pearson Studium, Munich, 2004.

Abbildungsverzeichnis

2.1	Übersicht Programmierung und Debugging bei *Embedded Systems*	17
2.2	Race Condition Verlauf ([Lan05])	23
3.1	Hardware Ansicht des SARA System ([Sho02])	28
3.2	Überblick MAMon ([Sho02])	29
3.3	SoC Debug Beispiel mit 3 Prozessor Cores ([Mai03])	30
3.4	Fehlerhafte Abarbeitung wegen falscher Reihenfolge ([Sun02])	32
3.5	Korrekte Abarbeitung und Ereignis Reihenfolge ([Sun02])	33
3.6	Interrupt innerhalb einer Schleife ([Sun02])	34
3.7	Increment von Hardware- und Software Instruktionszähler ([Sun02])	36
3.8	Monitoring mit dualport memories and in circuit emulators ([TS01])	38
3.9	Monitoring mit instrumentiertem RTOS und Applikations-Software ([TS01])	39
3.10	Traditionelles Debugging ([AL01b])	44
3.11	Hardware Lauterbach DebugTool ([Lau03b])	46
3.12	Debugsystem Lauterbach ([Lau03a])	47
3.13	Debugsystem Lauterbach ([Lau03a])	48
4.1	Aufbau Debugging bei Embedded Systems	50
4.2	Auslastung der Tasks (AVR, ucOS)	51
4.3	Debugging über Trace-Ausgaben	51
4.4	Latenzzeiten bei Interrupts [Lan03c]	53
5.1	Übersichtsgrafik Embedded Debug Tool	59
5.2	Systemübersicht Konfigurierbares Embedded Debug Interface	60
5.3	Schematischer Aufbau Steuerlogik	64
5.4	Telegrammaufbau Datenkommunikation	69
5.5	Schichtenmodell Debug Software am PC	70
6.1	Vergleich HW/SW herkömmlich und mit SystemC [Muh00]	80
6.2	SystemC Aufbau der Architektur ([Com06])	82
6.3	Systemlevel Simulation [Kop04]	82
6.4	Port, Interfaces, Channels [GLGS02]	85

Abbildungsverzeichnis

6.5 Block Diagramm M16C/62 Gruppe [RT03e] 88
6.6 Block Diagramm M16C/62 Gruppe [RT03e] 88
6.7 Block Diagramm M16C/62 Gruppe [RT03e] 89
6.8 Oberfläche des Simulators PD30SIM 92
6.9 Kommunikation I/O DLL und PD30SIM [RT03d] 93
6.10 Aufbau des vollständigen Simulationssystems [LKSN05] 95
6.11 Aufbau des Simulationssystems, Variante 2 [LKSN05] 96
6.12 Flussdiagramme (a) Uart, (b) Interrupt 97
6.13 Systemaufbau Stiwell [Kop04] 99
6.14 Spannungsformdefinition [Kop04] 100
6.15 Oszilloskopbbild der Stromformen [Kop04] 101
6.16 Ausgangsspannungen des Stimulationssystems [Kop04] 101
6.17 Ausgangsspannungen des Stimulationssystems (1 Impuls) [Kop04] 102

7.1 Testplattform Sandbox [PL06] 104
7.2 Speicherarchitektur AVR atmega 103 [AC01] 105
7.3 Systemarchitektur AVR atmega 103 [AC99] 107
7.4 Instruction Fetch and Execute [AC99] 109
7.5 Timing Single Cycle ALU Operation [AC99] 109
7.6 JTAG Übersicht [AC01] 112
7.7 AVR Blockdiagramm mit Integration Debug Interface 113
7.8 Blockschaltbild des Debug-Interfaces 120
7.9 Einstellmöglichkeiten des Debug Interfaces durch das PC-Tool [LKSN05] 124
7.10 GUI Debug Tool [LKSN05] 125

8.1 Blockschaltbild HPEMini [Sam07] 130
8.2 Abbildung HPEMini [Sam07] 131
8.3 Blockschaltbild LatticeMico32 [Lat] 133
8.4 Embedded System mit LatticeMico32 134
8.5 Blockschaltbild LatticeMico32 [Lat] 135
8.6 Schematische Übersicht LatticeMico32 und Debug Interface ... 138
8.7 Schematische Übersicht LatticeMico32 und Debug Interface ... 139
8.8 Messaufbau LatticeMico32 141
8.9 Triggern des Zugriffes auf den Port Pin mittels Speicherüberwachung 144
8.10 Auslösen des Debug Interface Interrupt 145
8.11 Messung Interruptleitung und Port-Pin 146
8.12 Messung Interruptleitung und Port-Pin 147

8.13 ISR Handler LatticeMico32 151
8.14 Messung Interruptleitung und Port-Pin 152
8.15 Messung Interruptleitung und Port-Pin 153